Gotthard – Königin der Alpenbahnen

Der Alpenbogen ist reich an herrlichen Strecken. Sie zeugen vom Mut und der Entschlossenheit großer Visionäre. Ihnen verdanken wir die einzigartigen Linien von Südfrankreich bis zum Semmering, die alle ihre Reize haben. Doch eine Strecke hat mich in all den Jahren, in denen ich mit großer Begeisterung den Alpenbahnen nachspürte, in ihren Bann gezogen wie keine zweite: die Gotthardbahn – einzigartige Kunstbauten, Kehrschleifen und eine herrliche Landschaft mit dem Kontrast zwischen Nord und Süd, dem Kanton Uri und dem Tessin bis hin nach Luino in Italien.

Es war im Herbst 1989, als der erste Besuch in dieser Region angesagt war. Ein stabiles Hochdruckgebiet hatte sich über den Alpenbogen gelegt. Auch wenn die Tage Ende Oktober nur noch für wenige Stunden Sonnenschein in den engen Tälern sorgten, war der erste Eindruck überwältigend. Bislang kannte ich die Bahn hier nur aus der Literatur und den dort abgedruckten Fotografien. Meist wurden von den Altvorderen die klassischen Punkte aufgesucht, wie der Wattinger Bogen. Es gibt aber unzählige andere Motive, die sich mir erst im Lauf der Jahre erschlossen haben. Selbst im Jahr 2016, kurz vor der Eröffnung des Basistunnels, konnten noch neue Motive umgesetzt werden. Leider lassen sich in diesem Heft nicht sämtliche Fotopunkte zeigen.

Und wie geht es weiter? Die Bergstrecke ist in einen Dornröschenschlaf gesunken. Kommt ein Prinz wie im Märchen? Davon ist nicht auszugehen. Aktuell ist das Umsteigen in Erstfeld auf S-Bahnzüge eine Zumutung. Abhilfe kommt ab 2020, da werden im Dezember die supermodernen SOB-Triebzüge „Traverso" die SBB ablösen. Der Güterverkehr hingegen wird nach dem durchgehenden Ausbau der Zulaufstrecken auf das Profil P 400 auch weiterhin nur unterirdisch laufen. Es sind genügend Trassen verfügbar. Ein Zurück zur Bergstrecke wird es nicht geben.

Oben: Als großer Freund der Taurus-Familie empfand der Autor es stets als besonderes Erlebnis, wenn eine dieser Maschinen den Gotthard bezwang. Vor allem der silberne Hupac-Taurus wusste zu gefallen.

Unten: Das könnte der TEC 40200 sein, gebildet aus Loks von Märklin und Wagen von Roco und Märklin.

Ein Dankeschön und Modellträume

Was bleibt, sind Erinnerungen, an herrliche Tage, gemeinsam erlebt mit Gleichgesinnten, mit denen man sich wunderbar über Gott und die Welt unterhalten konnte, auch mal bei einem exzellenten Rotwein, einem Merlot aus dem Tessin, den der Wirt im gemütlichen Hotel Gerig zu Wassen offerierte. Mein Dank gilt in erster Linie den Eisenbahnern, die auch wertvolle Informationen, in konventioneller und später auch in digitaler Form weitergaben, und ohne die so manches Foto nicht entstanden wäre. Vor allem aber verdienen die Mitglieder von SBB-Historic in Erstfeld meinen allergrößten Respekt, sorgen sie doch dafür, dass so einzigartige Loks wie die 14253 – 2019 konnte das rüstige Krokodil auf 100 Betriebsjahre zurückblicken – auch in Zukunft eine Reise an den Gotthard zu einem Erlebnis machen.

Quasi als Ersatz dient mir nun die Modelleisenbahn in vortrefflicher Art und Weise. Seit gut 15 Jahren, das Ende der Bergstrecke war ja lange genug angekündigt, entsteht eine Märklin-H0-Anlage. Es wird noch Jahre dauern, bis die meisten Bauvorhaben abgeschlossen sind. Doch für Ausflüge in die Schweiz in Sachen Eisenbahn gibt es ja noch die Lötschberg-Bergstrecke und natürlich die Rhätische Bahn, ein Wunderwerk auf Meterspur im schönen Kanton Graubünden. Die Gotthard- und die Bündnerbahn lassen sich übrigens auch auf einer herrlichen Rundreise entdecken: Der Gotthard-Panorama-Express kann mit dem Bernina-Express verbunden werden.

Klaus Eckert

Schwere Züge: Bullige Maschine

Die Re 6/6 brachten ab 1975 einschneidende Veränderungen in der Zugförderung der SBB. Nun konnten Schnellzüge mit bis zu 800 Tonnen Gewicht über die Rampen gezogen werden.

Am Lago Maggiore: Sehr beschaulich

Von Bellinzona geht es über Cadenazzo weiter in den Süden, nach Luino. Ab San Nazzaro führt die Strecke am Lago Maggiore entlang. Die eingleisige Linie wird von zahlreichen internationalen KLV-Zügen befahren.

Rollbahn für Frachten

Die Gotthardroute war schon immer ein Transportweg für Güter. Einst mühten sich hier Säumer auf schmalen Pfaden ab, später, als der Schienenweg fertig war, Dampfloks, „Krokodile“ und schließlich Hochleistungsloks. Dann kam der Basistunnel.

Titelbild

Spätherbst im Dazio Grande, an der Südrampe der Gotthardbahn. Der TEC 41041 ist auf der Talfahrt, gezogen von einer Re 10/10.

Alle Fotos in diesem Heft: Klaus Eckert, wenn nicht anders angegeben

Inhalt

3	Editorial
6	Galerie
14	Ein Schienenweg bezwingt die Alpen
20	Zwischenjahre
22	Abseits der Bergstrecke: Schöne Seeblicke
26	Begegnungen: Geschichten vom Berg
28	Bogenschnell unterwegs: Perfekt geneigt
34	Vor schweren Zügen: Bullige Maschine
40	Reisen 1. Klasse: Panoramablicke
44	Im Interregio ins Tessin: Reisen mit Stil
50	Rollbahn für Frachten
82	Erfüllter Traum: Bergfahrt mit Krokodil
86	Historische Züge: Tierisch gut
90	Unbekannte im Süden: Ceneri-Rampe
92	Am Lago Maggiore: Sehr beschaulich
96	Gotthard-Basistunnel: Jahrhundertbauwerk
98	Vorschau und Impressum

DIE ALLESKÖNNER

Weitere Extra-Ausgaben vom Eisenbahn-Journal

Baureihen 44 und 85
Best.-Nr. 701502

Gotthardbahn
Best.-Nr. 701601

E 44
Best.-Nr. 701602

DB und DR
Best.-Nr. 701701

Baureihe 218
Best.-Nr. 701702

V 200
Best.-Nr. 701801

Baureihe 01
Best.-Nr. 701802

Harz
Best.-Nr. 701901

Jede Ausgabe mit 116 Seiten im DIN-A4-Format, Klebebindung, ca. 150 Abbildungen, inkl. Video-DVD, je € 15,–

So schnell wie eine 103 und so stark wie eine 151: Das sollten die Merkmale der Drehstromloks der Baureihe 120 sein. Trotz vieler und nur sehr schwer erfüllbarer Vorgaben gelang es den Konstrukteuren, das hoch gesteckte Ziel einer vierachsigen Hochleistungs-Universallok zu erreichen. Mitte der 1980er-Jahre war die Euphorie so groß, dass über die Beschaffung von über 800 Serienloks bis zum Jahr 2000 allein für die DB nachgedacht wurde. Gebaut wurden schließlich nur 60 Exemplare, eine Weiterbeschaffung unterblieb ebenso wie die Bestellung einer Nachfolgebaureihe. Die Autoren Karl-Heinz Buchholz und Jürgen Hörstel beschreiben Entwicklung, Technik und Einsatz der Baureihe 120, die sich bis heute ausgezeichnet bewährt hat. Mehr als drei Jahrzehnte nach ihrer Indienststellung droht den Drehstrompionieren jetzt die baldige Ausmusterung ...

116 Seiten im DIN-A4-Format, Klebebindung, über 150 Abbildungen, inkl. Video-DVD „Die Baureihe 120" aus der Filmreihe „Stars der Schiene" (Laufzeit 59 Minuten)

Best.-Nr. 701902 | € 15,–

www.facebook.de/vgbahn

VGB [VERLAGSGRUPPE BAHN]

Eisenbahn JOURNAL

Erhältlich im Fach- und Zeitschriftenhandel oder direkt beim EJ-Bestellservice, Am Fohlenhof 9a, 82256 Fürstenfeldbruck, Tel. 08141 / 534810, Fax 08141 / 53481-100, bestellung@vgbahn.de, shop.vgbahn.de

Der EC 5 „Carlo Magno" aus Dortmund nach Sestri Levante, aufgenommen im Mai 1990 bei Erstfeld.

Eurocity

Die Ae 6/6 waren über Jahrzehnte von den Gotthardrampen nicht wegzudenken. Sie bespannten nahezu alle Zugarten. In den 1990er Jahren gingen ihre Einsätze deutlich zurück, vor einem EC sah man sie nur noch sehr selten.

Ein „bunter" Güterzug ist bei Amsteg-Silenen auf der Bergfahrt (November 1998).

Lok 2000

Die SBB stellten insgesamt 119 Maschinen der Serie 460 in Dienst. Beschafft wurden diese für den Güterverkehr, vor allem für die Züge des KLV. Heute sind alle bei der Division Personenverkehr im Einsatz.

Ein klassisches Re 10/10-Gespann führt den TEC 40140 in Richtung Norden (9. September 2015).

Stalvedro-Viadukt

Die Auflager der 101 m langen Brücke sind noch original erhalten, der Bogen hingegen entstand aus Beton, der mit Natursteinen verkleidet wurde. Am frühen Vormittag liegt das Bauwerk in herrlichem Streiflicht.

Interregio von Locarno nach Zürich Hbf, unweit von Gurtnellen (2. November 2015).

Scharfer Blick

Die 460 105 „Fürstenland" wurde am 22. November 2013 mit einer gelungenen Werbung für den VSLF (Verband Schweizer Lokomotivführer und Anwärter) versehen. So lief die Lok gut fünf Jahre durch die Schweiz.

SBB CFF FFS
SBB CFF FFS
VSLF

Ein Schienenweg bezwingt die Alpen

Im Mai 1882 wurde das seinerzeit einzigartige, gigantische, in der Planungsphase noch in Konkurrenz zu einer Lukmanier-Route stehende Gotthardbahn-Projekt – nicht ganz fertig – zum Abschluss gebracht. Von Ilona Eckert

Am Gotthard existierte schon vor Jahrhunderten ein alter Säumerweg, der im Laufe der Neuzeit verbessert, aber erst zwischen 1827 und 1831 zu einer befestigten Straße ausgebaut wurde, auf der dann bald schon dreimal pro Woche eine Postkutsche zwischen Altdorf und Bellinzona verkehrte. Die Reisezeiten ab Luzern verkürzten sich insgesamt, als Dampfschiffe die Ruderboote auf dem Vierwaldstätter See zwischen Luzern und Flüelen ablösten. Im Jahr 1844 existierte beispielsweise eine Postkutschen-Eilverbindung zwischen Luzern und Mailand, die mit einer Fahrzeit von 31 Stunden (inklusive Essenspausen in Altdorf und Chiasso sowie Dampfschifffahrt Luzern – Flüelen) aufwarten konnte, was für damalige Verhältnisse schon ein recht hohes Reisetempo bedeutet haben muss. Etliche Pferdewechselstationen entlang der Route garantierten ein zügiges Vorankommen. Weitaus zügiger ging es später dann mit der Bahn. Die ersten Fernzüge von Basel via Gotthardbahn nach Chiasso benötigten später zehn Stunden und zehn Minuten.

Gotthard-Entwurf setzt sich durch

Erste Überlegungen, den Alpenhauptkamm auf Schweizer Boden mit der Eisenbahn zu überwinden, gab es schon früh. Da der damalige Stand der Technik die Ausführung großer Tunnelbauten aber noch als undurchführbar erscheinen ließ, konzentrierten sich die ersten Planungen anfangs auf die Ostalpen, nach Graubünden, von wo aus man die Möglichkeit einer Überschienung für realistischer erachtete. So war z. B. um 1838 ein Schienenweg zwischen Chur und Lecco (Comer See) angedacht worden, mit einem kapp 4000 m langen Tunnel am Splügenpass. In Sardinien-Piemont fand man diesen Vorschlag nicht so gut, da eine solche Trasse zu nah an der österreichischen Grenze verlaufen würde. Stattdessen wurde eine Linie via Lukmanierpass (Medel – Oivone, ohne Scheiteltunnel) favorisiert. Auf dieser Grundlage schloss das Königreich Sardinien, zu dem damals neben dem Piemont auch Genua und Savoyen gehörten, mit den Kantonen St. Gallen, Graubünden und Tessin am 8. Oktober 1845 eine Vereinbarung, in der sie ihr gemeinsames Interesse an einem Schienenweg festhielten, der die Verbindung zwischen dem Lago Maggiore und dem Bodensee sowie dem Zürichsee herstellen sollte.

Eine Überschienung der Gotthardregion als Gegenentwurf wurde 1852 vorgestellt. Die Diskussion um die Linienführung wurde durch politische Veränderungen beeinflusst: 1848 war es zur Gründung des Schweizer Bundesstaates ge-

Diese Aufnahme entstand während des Baus der Gotthardbahn. Sie zeigt die drei Meienreuss-Brücken bei Wassen. Aufgrund der stetig steigenden Zuggewichte mussten alle drei Gitterbrücken später gegen Bogenbrücken aus Mauerwerk/Beton ausgetauscht werden, da der seinerzeit für das Fachwerk verwendete Stahl noch nicht die nun erforderliche Festigkeit aufwies.

Fotos: Archiv EMV

Das Südportal des im Bau befindlichen Gotthard-Scheiteltunnels in Airolo. Auffallend: das in den Tunnel führende Rohrsystem.

kommen, Mailand/die Lombardei war ab 1859 nach der Niederlage bei Solferino nicht mehr österreichisch und kam 1860 zu Sardinien-Piemont, Savoyen wurde stattdessen französisch. Ab 1861 gab es in Italien dann ein vereinigtes Königreich und in Deutschland wurde 1866 der Norddeutsche Bund gegründet. Die Überschienung der Alpen war nicht nur für Deutschland und Italien von großem wirtschaftlichen Interesse, auch die Schweiz selbst wollte eine Magistrale über die Alpen Wirklichkeit werden lassen. Denn im Osten (Brennerbahn, 1867 eröffnet) und Westen (Mont-Cenis-Bahn, ab 1871 in Betrieb) war ein konkurrierender Alpenübergang entstanden.

Am 24. März 1869 teilte die italienische Regierung dem Schweizer Bundesrat mit, dass man sich für die Gotthardroute entschieden habe. Danach folgten die gleichlautenden Bekundungen vonseiten des Norddeutschen Bundes, Badens und Württembergs. Nun ergriff der Bundesrat die Initiative und lud die beteiligten Staaten zur Gotthard-Konferenz nach Bern ein. Den Beschlüssen, die dort am 15. September 1869 gefasst wurden, folgte ein Staatsvertrag zwischen der Schweiz und Italien, der am 29. Oktober 1871 auch vom inzwischen (nach dem deutsch-französischen Krieg) neu entstandenen deutschen Kaiserreich unterzeichnet wurde. In diesem Vertrag wurden unter anderem der Bau und der Betrieb der Gotthardbahn geregelt sowie die Finanzierung: Das mit insgesamt 187 Millionen Franken veranschlagte Projekt sollte von Italien mit »

Göschenen im Jahr 1910: Eine der bulligen A 3/5 kommt soeben aus dem Scheiteltunnel herausgedonnert. Rechts ist die Straße Richtung Schöllenenschlucht/Andermatt/Gotthardpass zu erkennen.

In künstlerischer Freiheit setzte der Zeichner diese Szenerie unweit der Kerstelenbach-Brücke bei Amsteg um. Eigentlich müsste sich der Güterzug an dieser Stelle im Tunnel befinden. Unten im Tal schäumt die Reuss.

Im Dazio Grande, oberhalb von Faido: Ein Reisezug, unterwegs nach Süden, passiert die Polmengo-Brücke (Ende der 1950er Jahre zur Betonbogenbrücke mit Mauerwerksverkleidung umgebaut). Beim Doppelspurausbau musste das Gleis für die bergwärts fahrenden Züge um den Fels herum verlegt werden (rechtes Gleis im Bild), nur das ältere Gleis führt durch den 43 m langen Boscerina-Tunnel. Dahinter liegt der zweigleisige Prato-Kehrtunnel (1560 m). Oben links im Bild: das Portal des Pardorea-Tunnels (276 m).

Fotos: Sammlung Hehl, Peter Willen, Klaus Eckert

Denkmal für die Opfer

Heute mag sich niemand vorstellen, unter welch unsäglichen Bedingungen Männer und Frauen den Gotthard-Tunnel aus dem Fels herausgearbeitet haben. Viele gaben ihr Leben. Eine genaue Zahl wird wohl nie zu ermitteln sein, verstarben doch manche noch Jahre danach an den Folgen dieser Arbeit. Spät wurde ihrer gedacht, in Form eines Denkmals von Vicenzo Vela, das am Bahnhof Airolo steht.

45 Millionen und von Deutschland sowie der Schweiz mit jeweils 20 Millionen Franken subventioniert werden. Danach, am 6. Dezember 1871, kam es zur Gründung der Gotthardbahn-Gesellschaft (GB) mit Sitz in Zürich. Direktor wurde der einflussreiche Schweizer Politiker und Eisenbahnunternehmer Alfred Escher (1819 – 1882). Nun konnte es losgehen.

Unwägbarkeiten beim Tunnelbau

Ab 1872 begann die GB mit den Bauarbeiten. In der ersten Phase wurde der Ausbruch des 15 km langen Gotthard-Scheiteltunnels in Angriff genommen. Parallel dazu entstanden die Tal-Linien im Tessin (Bellinzona – Locarno, Bellinzona – Lugano/Chiasso). In der nächsten Phase, ab 1879, waren dann die Rampenstrecken im Norden (Erstfeld – Göschenen) und Süden (Biasca – Airolo) an der Reihe. Auf der Nordrampe mussten 633 Höhenmeter auf 18 km Länge überwunden werden. Jenseits des Berges, in der Leventina, waren es gar 848 m auf einer 46 km langen Strecke. Damals galt eine Maximalsteigung von 30 ‰ und ein Minimalradius von 300 m als traktionstechnisch machbar. Da es aber keine Seitentäler zum Ausfahren wie am Brenner gab, um auf diese Weise einen Höhengewinn zu erzielen, mussten die Ingenieure sich etwas anderes einfallen lassen: Wendeschleifen mit Kehrtunnels. Als das Großprojekt zum Abschluss kam, repräsentierte es europaweit in puncto Ausbaustandard und Transportkapazität den „State of the Art“. Die Gotthardbahn hatte neue Maßstäbe gesetzt.

Alles lief, auch dank der internationalen Finanzierung, anfangs problemlos ab. Zudem hatten sich die Vertragsstaaten dazu verpflichtet, die Anschlussstrecken auf eigenem Staatsgebiet bis zur jeweiligen Grenze rechtzeitig fertigzustellen.

Links: Blick auf den Stalvedro-Viadukt (101 m), kurz vor Airolo, mit einem bergwärts fahrenden Reisezug, gezogen von einer Be 4/6. Die Brücke wurde aus Stabilitätsgründen mit einem Fischbauchträger verstärkt und in den 1950er Jahren zur Bogenbrücke in Betobauweise umgestaltet. Unten: Sehr aufwändiger Zwischendienst bei einem schweren Kohlenzug nach Italien, gebildet aus belgischen Wagen, aufgenommen im Bahnhof Airolo.

Die Arbeiten am Gotthard-Tunnel waren an den bereits im Eisenbahnbau erfahrenen Schweizer Unternehmer Louis Favre gegangen. Der hatte allerdings recht knapp kalkuliert und befand sich, auch wegen der Unwägbarkeiten im Berg, stets unter Zeitdruck. Es galt, Strafzahlungen aufgrund von Bauverzögerungen zu entgehen. So musste Favre die Arbeiter stetig antreiben. Kein Wunder, dass sie irgendwann streikten. Der Tunnelbau forderte Opfer: Tote, Verletzte und Kranke. In den Jahren 1876/77 kam es zur Kostenklärung und Krise, da das veranschlagte Kapital nicht ausreichte. Die Aktienkurse der Gesellschaft sanken ins Bodenlose. Der Doppelspurausbau der Bergstrecken wurde zurückgestellt. Letztlich bezahlte auch der stets unter gewaltigem Druck stehende Favre den Tunnelbau mit seinem Leben. Bei einer Inspektion des nördlichen Tunnelabschnitts erlitt er am 18. Juli 1879 einen Herzschlag und verstarb. Beim Tunneldurchschlag, der am 28. Februar 1880 gelang, wurde von südlicher Seite her eine Kapsel mit der Fotografie Favres durch die Öffnung gesteckt. Der „Capo" sollte als Erster hindurch dürfen. Die Abweichung der beiden Röhren betrug in der Horizontalen lediglich eine Fußlänge, vertikal waren es nur wenige Zentimeter. Eine schier unvorstellbare Leistung, wenn man die damaligen Möglichkeiten der Vermessungstechnik bedenkt. Nun folgten die Abschlussarbeiten. Die Einweihungsfeierlichkeiten dauerten vom 22. bis zum 25. Mai 1882 (eigentlich hatte man 1880 fertig sein wollen). Am 1. Juni 1882 begann der planmäßige Verkehr.

Doppelspurausbau in Rekordzeit

Zumindest der Scheiteltunnel war bereits zweigleisig trassiert worden, hier konnte das zweite Gleis bald hinzugelegt werden, es ging 1883 in Betrieb. In den Folgejahren boomte der Verkehr auf der Gotthardbahn dergestalt, dass man sich beeilte, auch die Rampenstrecken auf Doppelspur auszubauen. Die Direktion der GB beschloss, beim Doppelspurausbau Tempo zu machen, mit dem Ziel, schon 1893 (statt 1896) zweigleisigen Verkehr am Gotthard zu ermöglichen. Also geschahen die Arbeiten bei laufendem Betrieb, was umfangreiche Sicherungsmaßnahmen und Signalisierungstechnik in den betreffenden Abschnitten erforderte. So waren während der nächtlichen Erweiterungsarbeiten in den größeren Tunnels die betreffenden Streckenteile „durch je zwei Endstationen derart gedeckt, dass kein Zug eingelassen wurde, ehe nicht die Eintrittstation sichere Kunde davon hatte, dass die ‚Bahn frei' war. Zur Überwachung waren in den längeren Tunnels außer den Bauaufsehern je drei vereidigte Signalwärter angestellt und an jedem Tunnelportal Buden mit Fernsprecher und elektrischem Meldewerk errichtet" (aus: Centralblatt der »

Das Jubiläum „75 Jahre Gotthardbahn" wurde 1957 sehr plakativ auf dem Portal des Gotthard-Tunnels bei Göschenen angezeigt.

Einen der Jubiläumszüge durfte diese Be 4/6 über den Gotthard befördern.

Zwei klassische Elektroloks für den Gotthard: Die Be 4/6 12340 leistet der Ae 8/14 11801 Vorspann. Mit den Doppelloks versuchten die SBB ein leidiges Traktionsproblem zu lösen. Insgesamt drei Maschinen, in verschiedenen Ausführungen, wurden von der Industrie gebaut. Sie bewährten sich allerdings nicht wirklich, sodass ein Serienbau unterblieb. Die Ae 8/14 11801 ist bis heute betriebsfähig und in Erstfeld sicher verwahrt.

Fotos: Peter Willen [7]

Der funkelnagelneue „Uristier", die Ae 6/6 11402, eine der beiden Vorablokomotiven dieser großartigen Serie, konnte am 4. März 1954 in Göschenen zusammen mit der Ae 8/14 11852 abgelichtet werden.

Erst im Sommer 1960 wurde die Strecke Bellinzona – Luino elektrifiziert. Somit war das Tessin sehr lange ein Rückzugsgebiet der „Elefanten“. Hier ist die C 5/6 2957 in Bellinzona zu sehen (August 1958).

Einst stärkste Lok der Welt

Durch ihre zeitlos elegant wirkende Form unterschied sich die Ae 8/14 11852, gebaut 1938, deutlich von ihren beiden Schwestern. Mit einer Leistung von 8160 kW galt sie lange als die stärkste Lok der Welt. Alle drei kamen stets am Gotthard zum Einsatz. Im Jahr 1962 dann nur noch im Güterzugdienst. Die Maschine erlitt im Juni 1971 einen schweren Schaden und wurde ausgemustert. Sie steht heute im Verkehrshaus der Schweiz in Luzern.

Bauverwaltung, Berlin, vom 25. November 1893). Oftmals musste man bei der Zulegung des zweiten Gleises von der früher geplanten Lage abweichen, stellenweise waren ein Abbinden und ein Verschwenken des Oberbaus nötig. Bei Faido führte man das neue Gleis gar um einen Felsvorsprung herum, während das alte im Tunnel verblieb. Bei der Verbreiterung der Brücken und Durchlässe entfernte man die vorstehenden Mauerwerksbossen und stieß stumpf an das alte Mauerwerk an. Es wurde sorgfältig vermieden, gleichzeitig auf altem und neuem Mauerwerk aufzubauen, um Rissbildungen vorzubeugen, was sich in der Folge auch auszahlte.

Die Arbeiten wurden in kleinen Losen an verlässliche Bauunternehmen vergeben, in gefährlichen oder schwierigen Abschnitten, wie Tunnels mit Voreinschnitten, führte die GB die Maßnahmen in Eigenregie durch. Der Doppelspurausbau auf den Rampen endete, wie geplant, im Oktober 1893. Ab 1898 war das Belüftungsproblem im Scheiteltunnel gelöst, dank des Einbaus einer Ventilationsanlage mit Saccardo-Turbine.

Elefanten und Krokodile

In den ersten Jahrzehnten des Bahnbetriebs am Gotthard herrschte Dampftraktion. Personenzüge wurden von C- und Güterzüge von D-Kupplern geschleppt. Die ersten C- und D-Kuppler waren robuste Zweizylindermaschinen. Sie verfügten über eine Gegendruckbremse, der Zug wurde von Hand gebremst. Anfang der 1890er Jahre, nach Einführung der Westinghouse-Druckluftbremse, wurden weitere C- und D-Kuppler beschafft, allerdings in angepasster stärkerer Ausführung. Weitere, noch kräftigere Loks folgten, wie C 4/5 und A 3/5 von SLM, Winterthur. 1909 wurde die GB verstaatlicht. Die SBB ließen ab 1913 für den Einsatz am Gotthard bei SLM die C 5/6 bauen, einen Loktyp, der wegen seiner Stärke auch „Elefant“ genannt wurde.

Ab 1918 begann die Elektrifizierung, es entstanden die Kraftwerke Ritom und Amsteg. Ab 1922 war die Gotthardbahn mit einer Fahrleitung versehen. Nun hielten E-Lok-Giganten Einzug an den Rampenstrecken. Die Dampfloks mussten weichen. Für die E-Traktion am Gotthard hatten SLM und BBC die Schnellzuglok Be 4/6 gebaut, und für den Güterzugbetrieb entstanden bei SLM und MFO (Maschinenfabrik Oerlikon) die urigen Loks der „Krokodil“-Familie (Ce 6/8 II, Be 6/8 II und Ce 6/8 III), in denen viele Eisenbahnfreunde das Wahrzeichen der Gotthard-Bergstrecke sehen. Entsprechend großer Beliebtheit erfreuen sich die Nostalgiefahrten mit dem Erstfelder Krokodil Ce 6/8 II 14253. ■

Bis zum März 1986 war das letzte verbliebene Rangierkrokodil im Einsatz. Insgesamt wurden zwölf Maschinen umgebaut. Zu Reparaturen kamen sie nach Bellinzona, und somit auch mal auf die Strecke.

Zwischenjahre

Die „Krokodile“ waren verschwunden. Eine neue Generation begann ihren Dienst am Gotthard. Diese spannende Etappe dauerte bis zum zahlreichen Erscheinen der Re 6/6.

In den 1970er Jahren blieb die Gotthardregion von heftigen Wetterlaunen nicht verschont. Hochwasser und reichlich Neuschnee, selbst im April, sorgten dafür, dass die Verkehrswege unterbrochen waren. Der Bau der Autobahn A 2 und des Gotthard-Straßentunnels waren voll im Gange (Eröffnung: 1980). Auf den Schienen tummelten sich noch etliche Reihen, die aber bereits schön langsam ihrem Einsatzende entgegenblickten. Omnipräsent waren die Ae 6/6, die nahezu alle Schnellzüge bespannten und auch im Güterverkehr und als Vorspannfahrzeuge tätig waren. Die Farbe Grün bestimmte das Bild. Wagen und Lokomotiven zeigten sich darin sehr einheitlich. Das war für Fotografien, vor allem im Sommer, dann nicht unbedingt kontrastreich, aber man war es ja so gewöhnt. Im internationalen Reiseverkehr waren die hochwertigen TEE-Züge auch am Gotthard für die Verbindung Deutschland – Italien das Maß aller Dinge. Die nur Wagen der 1. Klasse führenden Züge erhielten sogar im passenden Farbschema lackierte Loks. Auch der TEE „Gottardo“ verkehrte hier, in Gestalt eines eleganten Triebzugs. Im Güterzugdienst fanden sich noch die Ae 4/6. Da sie über eine Vielfachsteuerung verfügten, waren sie dafür gut verwendbar. Doch nach und nach kamen immer mehr Re 6/6 zur Ablieferung, sie übernahmen die Regentschaft am Gotthard. ■

Der Gotthard war am 1. August 1977 wegen Überschwemmungen im Urner Land gesperrt. Der wegen einer vorausgegangenen Gesellschaftsreise zufällig im Tessin weilende „Churchill-Pfeil“ RAe 4/8 1021 wurde kurzerhand als Ersatzzug Bellinzona – Chiasso für den ausgefallenen Zug 524 Zürich – Milano eingesetzt.

Am 16. Juli 1975 war die Re 4/4 I 10013 mit dem Zug 1544 aus Luzern auf der Fahrt von Immensee nach Arth-Goldau. Der Blick geht auf den Zuger See und die Halbinsel Risch.

Die Re 4/4 III 11366 mit ihrem schweren Schnellzug von Basel SBB nach Chiasso erhielt am 23. Juli 1975 Unterstützung durch die Vorspannlok Ae 6/6 11401 „Ticino“, hier bei Intschi zu sehen. Letztere war neben der 11402 ein Prototyp dieser überaus erfolgreichen Serie. Sie ist bis heute erhalten und befindet sich, leider nicht betriebsfähig, in Horb am Neckar.

Fotos: Hansjürg Rohrer

Ab dem Sommerfahrplan 1969 kam der TEE „Roland" zwischen Bremen Hbf und Milano Centrale ins Rollen. Er hatte einen Laufweg von über 1180 km (!) zu bewältigen. Die Aufnahme entstand am 23. Juli 1975. Neben der Zuglok Re 4/4 II 11160 wurden auch die 11158, 60 und 61 und die Nummern 11249 bis 11253 ins TEE-Farbschema umlackiert, ebenso einige Re 4/4 I.

Mit dem Nahgüterzug 16627 hat die Ae 4/6 10811 den Bahnhof Airolo erreicht. Die Zierlichkeit der Fahrleitung fällt sofort auf, selbst die Quertragwerke wirken filigran. Von der Serie Ae 4/6 wurden insgesamt zwölf Exemplare zwischen 1941 und 44 beschafft. Die letzte Maschine schied bereits im Jahr 1983 aus (25. Juli 1975).

Ein überaus heftiger Wintereinbruch legte am 8. Mai 1975 den Gotthard lahm. Zur Schneeräumung musste alles Vorhandene aufgeboten werden, so kam zwischen Gurtnellen und Wassen die Xrot 100, geschoben von der Bm 4/4 18429, zum Einsatz. Hansjürg Rohrer fuhr mit einem Taxi nach Gurtnellen und ging von dort aus zu Fuß auf der gesperrten Gotthardstraße nach Wassen. Im Wattinger Bogen gelang ihm dann dieses einmalige Foto.

Abseits der Bergstrecke: Schöne Seeblicke

Bei Immensee beginnt die Kilometrierung der Gotthardbahn. Doch zunächst geht es unspektakulär über Arth-Goldau nach Brunnen. Dann kommen die ersten Kunstbauten und das Tal wird enger. Von Klaus Eckert

Nicht nur die Rampenstrecken am Gotthard bieten dem Eisenbahnfreund zahlreiche schöne Motive. Auch die nördliche Zufahrtslinie kann reizvolle Fotostellen aufbieten. Und das zu allen Jahreszeiten. Besonders schön ist es im Frühling, wenn die Wiesen mit gelben Löwenzahnblüten übersät sind. Aber bitte immer beachten: Das Betreten in der Vegetationsphase ist nicht erlaubt. Aber oft ist ja bereits geschnitten, und so ist der Zugang über abgemähte Teilflächen möglich. Und wer den Landwirt höflich um Erlaubnis bittet, hat später auch keinen Zwist zu befürchten.

Aber es finden sich noch zahlreiche weitere Motive, deren Zugang unkritisch ist. Bei Steinen kann man die südwärts fahrenden Züge in ihrer ganzen Länge optimal ablichten. Heute sind hier fast nur noch die mehr-

Deutlich sichtbar kündigte die 460 098 ein kommendes Ereignis an. Anfang Mai 2016 rollten die Züge noch über die Bergstrecke, die der IR aus Locarno vor gut zehn Minuten hinter sich gelassen hatte.

Traumhafter Blick von der alten Axenstraße auf die Strecke und den Urner See. Das zweite Gleis liegt hier in einem Tunnel. Ein langer EC strebt nach Deutschland.

Das neue Zeitalter am Gotthard wird durch den Einsatz des Vectron sichtbar. Maschinen von SBB- und BLS-Cargo und auch der deutschen Güterbahn übernehmen immer mehr Leistungen. Ein ehemals von Crossrail traktionierter TEC – Crossrail Benelux gehört nun zu BLS-Cargo – fährt bei Steinen südwärts (Februar 2019).

systemfähigen Maschinen unterwegs, wobei der Vectron hier, auch aufgrund schon getätigter und noch zu erwartender Bestellungen bei Siemens in den nächsten Jahren noch häufiger motivprägend sein wird. Zwischen Arth-Goldau und Immensee lässt sich der Zuger See an vielen Stellen mit aufs Bild nehmen, je nach Tageszeit sind die Stellen für Süd- oder Nordfahrer günstig. Auch die Gipfel der Mythen prägen viele Motive, ihre markante Gestalt schmückt jedes Bild.

Die schönste Fotostelle – natürlich subjektiv gesehen – findet sich an der alten Axenstraße, die sich gut für Radtouren eignet. Nur im Hochsommer lässt sich das Motiv mit Bahn und See vormittags direkt von der Straße aus umsetzen. Die nachmittägliche, ganzjährig mögliche Perspektive sollten nur schwindelfreie und sehr trittsi- »

Zu den seit Januar 2019 von der Hupac traktionierten Company Trains zählt auch der „Winner". Er verkehrt im Fahrplanjahr 2019 in vier Rundläufen zwischen Piacenza und Wuppertal. Mit der marginalen Verspätung von fünf Minuten ist der im gesamten Laufweg von einem SBB-Cargo-Vectron bespannte TEC 42072 bei Steinen auf dem Weg in den Norden (10. Mai 2019). Dicke Wolken werfen Schatten auf die Mythen.

Die Zufahrt zur Gotthardrampe/zum Basistunnel: In Arth-Goldau treffen die aus Basel (– Luzern – Immensee), Zürich und St. Gallen (SOB) kommenden Linien zusammen. Am Urner See wurde beim Doppelspurausbau das zweite Gleis teils im Tunnel verlegt.

chere Fotografen wählen. Es sind zwar Seilsicherungen vorhanden, doch die Stelle ist sehr ausgesetzt. Die Zufahrtsstrecke zum Gotthard-Basistunnel dürfte auch in den nächsten Jahren stets ein lohnendes Ziel sein, denn die Zahl der Frachtenzüge wird nach Ausbau des 4-m-Korridors steigen. ■

Seit der Eröffnung des Gotthard-Basistunnels können die Züge von und nach Gallarate mit einer Lok gefahren werden. Oft bleibt diese sogar bis zu den Zielen in Deutschland am Zug, was sicher auch für die 474 003 gilt. Der Blick geht hier auf Goldau, die Mythen und auf den Zuger See.

Lokomotiv-Legenden der DB und DR

Mit der Entwicklung der Einheits-Elloks gelang der jungen Bundesbahn der große Durchbruch bei der Elektrifizierung und Modernisierung des deutschen Schienennetzes. Die Baureihen E 10 (Schnellzugdienst), E 40 und E 50 (für den Güterverkehr) kamen in großen Stückzahlen auf deutsche Schienen und trugen einen großen Teil zum Wirtschaftswunder bei. Ab 1972 folgten dann noch 170 Exemplare der bärenstarken, sechsachsigen Baureihe 151. In dieser attraktiven DVD-Box werden all diese markanten Baureihe gekonnt präsentiert - sowohl in seltenen historischen Szenen als auch im faszinierenden Alltagsbetrieb der letzten Betriebsjahre. Blicke hinter die Kulissen fehlen natürlich nicht.

Die Box enthält folgende DVDs:
Die Baureihe E 10 | Die Baureihe 150
Die Baureihe E 40 | Die Baureihe 151

Gesamtlaufzeit 193 Minuten
Best.-Nr.: 5106 | € 29,95

Weitere attraktive DVD-Boxen

Deutsche Dampfloks
Mythos 01
Gesamtlaufzeit 259 Minuten
Best.-Nr.: 5103 | € 29,95

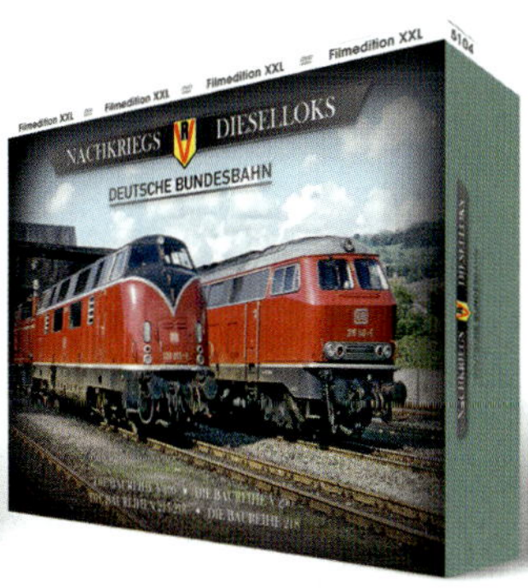

Nachkriegs-Dieselloks
Deutsche Bundesbahn
Gesamtlaufzeit 185 Minuten
Best.-Nr.: 5104 | € 29,95

Nachkriegs-Dieselloks
Deutsche Reichsbahn
Gesamtlaufzeit 176 Minuten
Best.-Nr.: 5105 | € 29,95

Nachkriegs-Triebzüge
Triebzug-Legenden der DB und DR
Gesamtlaufzeit 204 Minuten
Best.-Nr.: 5107 | € 29,95

Ohne die Leidenschaft, mit denen die Leute vom SBB-Historic-Team Erstfeld ihre Lokomotiven pflegen, wäre deren Lebenslauf schon lange zu Ende.

Begegnungen am Rande: Geschichten vom Berg

Für die Freunde der Gotthardbahn gab und gibt es zwei Sehnsuchtsorte: Erstfeld und Wassen. Doch nicht nur die Eisenbahn spielt hier eine Rolle. Es sind auch die kleinen Geschichten am Rande und die Menschen, die hier leben und arbeiten. Von Klaus Eckert

Seit 1971 stand die Ce 6/8 II 14270 als Denkmal im Depot Erstfeld. Sie war im Weg, wurde 2013 entfernt und fand dann eine neue Heimat in Zürich.

Eine Anregung für Modellbahner: Signalbrücke und Kabelbude, zwei Elemente, die einfach zum Gotthard dazugehören, im Vorbild – und Modell.

Mit unglaublicher Geduld hat Bauer Baumann die Heerscharen von Fotografen ertragen, die auf seinem Land rund um den Wattinger Bogen auf der Jagd nach dem besten Foto waren. Bald schon wird er die Landwirtschaft leider aufgeben.

Im Gasthaus Gerig in Wassen ist die Welt immer in Ordnung. Freundlichkeit, eine gute Küche und ein perfekter Service haben jeden Aufenthalt bei Judith und Daniel Lampart-Gerig (rechts) und ihrem Team spürbar anders gemacht.

Wer eine Reise macht, der hat was zu erzählen. Das gilt in gewisser Weise auch für die Region rund um die Gotthardbahn. Da ich stets für einige Tage in der Gegend weilte, war die Suche nach einer guten Herberge nicht ganz unwichtig. Ausprobiert wurde vieles, von Altdorf bis Airolo (gleich gegenüber dem Bahnhof), über Flüelen, Amsteg (Gasthof Stern und Post) und Göschenen. Auch in Erstfeld konnte man in Bahnhofsnähe anfangs einigermaßen gut unterkommen. Schließlich stieß ich auf das Gasthaus Gerig in Wassen, es wurde bei Fahrten zum Gotthard alsbald zu meinem bevorzugten Domizil. Das ist noch heute so. Die Lage ist einfach perfekt, vieles andere auch. Vor allem das Frühstück und der Morgenkaffee passen. Den Joghurt gab es im Sommer vom Bauer Baumann. Ein authentischer Vertreter seines Berufsstandes und ein angenehmer Zeitgenosse, mit dem ich mich wunderbar unterhalten konnte.

An langen Sommerabenden führte mich der Weg oft zur Galluskirche hinauf. Viele kennen sie von Fotos, hörten im Kabarett von ihr oder sahen sie vom Abteilfenster aus. Ihr sehenswerter Innenraum ist ein Ort der Stille und inneren Einkehr. Während in Wassen die Welt wohl noch in Ordnung ist, kann man dies von Erstfeld nicht behaupten. Vieles hat sich verändert für die Menschen dort. Das Depot ist geschlossen, die Cargo-Lokführer mussten sich umorientieren, ein weiterer Abbau von Arbeitsplätzen gehört fast schon zur Tagesordnung. Doch die Leute vom SBB-Historic-Team ficht dies alles nicht an. Sie hegen und pflegen ihre Schätze mit unglaublicher Hingabe. Da Märklin erfreulicherweise seine Clubreisen gerne auch in der Gotthardregion durchführt, ergibt sich oft ein Kontakt zu den Erstfelder Bahnenthusiasten. Man lernt sie besser kennen und verstehen. ■

Die Kirche in Wassen

Wassen war schon immer ein Etappenort auf dem Weg zum Gotthardpass. Die Kirche des Heiligen Gallus kannte jeder als markante Landmarke. Doch erst nachdem man die Gotthardbahn 1882 eröffnet hatte, wurde die Galluskirche, ein stattliches barockes Bauwerk, als dessen Wahrzeichen weltberühmt.

Hochzeit mit Lokomotive

Mehr Liebe – zur künftigen Gattin und zum Erstfelder Krokodil – geht wohl kaum. So hat Lokführer Pascal Mangold nicht nur seine Karin geheiratet, sondern auch die altehrwürdige Maschine quasi gleich mit. Beide Eheleute sind sehr aktive Mitglieder im SBB-Historic-Team Erstfeld. Foto: privat

Erstfeld von oben: 1998, als die Bergstrecke noch eine lange Zukunft vor sich hatte, entstand diese Aufnahme mit Blick auf die Stadt und das Depot. Vieles hat sich dort seit Eröffnung des Basistunnels verändert.

Bogenschnell unterwegs: Perfekt geneigt

Internationale Schnellzüge verkehrten seit Anbeginn über den Gotthard. Heute sind es Neigezüge, die mehr Tempo machen können. Von Klaus Eckert

Es würde den Rahmen dieser Publikation sprengen, wollte man die Entwicklung des hochwertigen Personenzugverkehrs am Gotthard lückenlos darstellen. Wir werfen exemplarisch einen Blick in die Fahrplansaison vom 28. Mai 1989 bis zum 26. Mai 1990, um ein Bild vom Verkehr in der Vor-Neigetechnik-Zeit zu zeichnen.

Es handelte sich dabei stets um Zugpaare, auch wenn hier nur die in Nord-Süd-Richtung fahrenden Züge genannt werden. Im besagten Fahrplanjahr verkehrten auch Nachtzüge mit Autobeförderung, die in Biasca endeten oder begannen. Andere kamen aus Amsterdam oder Brüssel und verbanden diese Städte mit Ancona oder Milano. Der „Italia-Express" kam aus Frankfurt und ging bis Roma Termini. Alle diese Verbindungen verschwanden nach und nach aus den Kursbüchern. Die erste Verbindung von Zürich Hbf nach Milano Centrale startete um 6.24 Uhr und erreichte ihr Ziel um 10.24 Uhr. Eine Stunde später rollte dann der erste Zug nach Chiasso. Mit dem IC 351 ging es dann, dank der Kurswagen, auch nach Venezia oder Ventimiglia. Später folgten zwei EC aus Schaffhausen bzw. Basel SBB, die fast im Blockabstand fuhren und um 12.30 bzw. 12.35 Uhr in Milano ihre Reisenden dem Trubel der Metropole überließen.

Weitere EC aus Stuttgart und Frankfurt Hbf folgten. In diesen Zügen fand sich planmäßig auch ein Speisewagen. Das Wagenmaterial stammte von der DB und den SBB. Der am Nachmittag verkehrende IC 257 führte ab Basel Kurswagen aus Brüssel mit.

Und schließlich soll noch der EC „Tiziano" genannt werden, der aus Hamburg kam und ebenfalls nach Milano Centrale ging. Er hatte sicherlich den längsten Laufweg zu bewältigen. Das Wagenmaterial stellte die Deutsche Bahn. In den Nachtstunden kamen weitere »

Lautlos schleicht sich dieser SBB-ETR 610 an einem feinen Wintertag kurz vor Erstfeld heran. Die marginale Verspätung wird bis Arth-Goldau in der Regel aufgeholt. Auch dieser Triebzug ist mittlerweile gemäß einem aufwändigen Sanierungsplan fit für die nächsten Jahre gemacht worden. Seit Februar 2018 werden die Züge als „Astoro" bezeichnet, abgeleitet vom italienischen Begriff „Astore" für „Habicht".

Zwei in Vielfachsteuerung fahrende RABDe 500 haben eine Länge von 378 m und bieten insgesamt für 952 Reisende Sitzplätze (Plätze im Speisewagen und Klappsitze inklusive). Der aus Lugano kommende Zug geht nach Zürich Hbf (22. Oktober 2016).

Ein ETR 470 hat Bellinzona nach einem Zwischenhalt verlassen und strebt nun dem Ceneri-Tunnel entgegen. Schön zu sehen, wie sich der Triebzug einem Motorradfahrer gleich in die Kurve legt.

Ja, so bunt präsentierten sich einst die Gotthard-EC von und nach Italien! Im Oktober 1989 waren die Wagen der 1. Klasse noch im TEE-Farbschema lackiert. Zu sehen ist der EC 74 „Tiziano" auf der Fahrt nach Hamburg.

An die kurze Ära der Cisalpino AG erinnert dieser Zug, den eine von SBB-Cargo ausgeliehene und mit Folien beklebte E 484 zieht. Die wegen des Jubiläums „125 Jahre Gotthardbahn" mit leuchtend rotem Stoff verhüllte Kirche von Wassen verrät das Aufnahmejahr: 2007.

Züge hinzu, mit Schlaf- und Liegewagen. So konnte man im Nachtsprung stressfrei von Stuttgart nach Genua reisen.

Vor diesen Zügen kamen meist Re 6/6 zum Einsatz und Re 4/4 II, auch in Doppeltraktion. Tauchte eine Ae 6/6 vor einem EC auf, war das auch in den frühen 1990er Jahren schon außergewöhnlich und ein Glücksfall für den Fotografen.

Lokwechsel an den Grenzen

In Basel und in Chiasso, aber auch bei über Luzern laufenden Zügen (wegen des dortigen Kopfbahnhofs) war ein zeitraubender Zuglok-Wechsel angesagt. Ab September 1996 machten die ETR 470 (Elettro Treno Rapido), Zweisystem-Neigezüge von Fiat Ferroviaria, die in Italien, der Schweiz und Deutschland zugelassen waren, den Lokwechsel obsolet. Im Jahr 1998 ersetzte ein ETR 470 ein lokbespanntes Zugpaar, das zwischen Stuttgart und Milano über die eingleisige Gäubahn verkehrte. Der Einsatz dieser „Cisalpino"-Neigetechnikzüge sollte nicht nur einen Fahrtzeitgewinn auf der Gäubahn erzielen, sondern auch den mehrmaligen Lokwechsel überflüssig machen. Die ETR verkehrten bis 2015 am Gotthard. Nach dem Ende der Cisalpino AG im Jahr 2009 übernahmen SBB und FS die Züge bis zum Einsatzende. Obwohl die SBB in den Unterhalt viel Geld gesteckt hatten, wurden die Züge nach ihrer Abstellung verschrottet. Ein Käufer wollte sich partout nicht finden lassen. Zu lang war wohl die Liste der Klagen von Reisenden über die Unzuverlässigkeit dieser Züge. Die Vorüberfahrt eines ETR 470 nützten Lichtbildner gerne, um zu einem anderen Fotopunkt zu wechseln, auf ein Bild wurde verzichtet.

Für den innerschweizerischen Verkehr setzten die SBB ab 2008 eine Eigenentwick- »

Je nach Fahrplanjahr sahen die EC-Züge aufgrund der Wagenstellung anders aus. Im Sommer 1991 sind bei diesem EC, bis auf den Panoramawagen der SBB, FS-Wagen im Bianco-Verde-Design zu sehen. Da passt die für den VSLF werbende Re 6/6 11689 sogar farblich bestens dazu. Der VSLF ist ein Berufsverband für ausgebildete und in Ausbildung befindliche Lokführer. 1991 konnte das 100-jährige Bestehen gefeiert werden.

SBB-Cargo-Lok mit EC 15

Andauernde Mühen mit den ETR 470 sorgten für erheblichen Ärger bei den SBB und auch den Reisenden, die mit den Verspätungen natürlich keineswegs einverstanden waren. Da man aber auf den zeitraubenden Lokwechsel in Chiasso verzichten wollte – zudem wäre der Taktfahrplan ins Wanken geraten – kam jemand auf die pfiffige Idee, die für den Güterverkehr italientauglichen Re 484 von SBB-Cargo anzumieten. Diese konnten dank ihrer maximalen Geschwindigkeit von 140 km/h die Fahrzeiten recht gut halten. Nicht nur am Gotthard, sondern auch am Lötschberg/Simplon kamen die Re 484 zum Einsatz. Erst nachdem genügend ETR 610 zur Verfügung standen, konnte auf die Dienste der Cargo-Maschinen verzichtet werden. Die Aufnahme zeigt den EC 15 bei Amsteg auf der Fahrt nach Milano Centrale.

SBB- und FS-Wagen bilden diesen EC, den eine Re 6/6 bis nach Chiasso führen wird. Die Aufnahme entstand von einem Helikopter aus, zu einer Zeit, als von kamerabestückten Drohnen noch keine Rede war: 1996.

Frühling in Gurtnellen. Eine üppige Blütenpracht umrahmt den ETR 610, der aus Milano Centrale kommt und auf dem Weg nach Zürich ist. Fotograf Michael Hubrich genoss den herrlichen Tag Anfang Mai 2016.

lung ein. Bei den „ICN", gebaut in zwei Lieferserien zwischen 1999 und 2005, erfolgt der Neigeantrieb elektrisch. Das erste Drehgestell ist mit Kreisel- und Beschleunigungssensoren ausgerüstet, deren Daten in einen optimalen Neigewinkel umgerechnet werden, der maximal acht Grad betragen kann. Die Neigung wird auch an die Stromabnehmer übermittelt, die sich entgegengesetzt neigen müssen. Die siebenteiligen Triebzüge verfügen über ein Restaurant. Ab 2012 durchliefen die 44 ICN, bahnamtlich als RABDe 500 bezeichnet, im SBB-Werk Yverdon-les-Bains ein Refit-Programm, das 2019 zum Abschluss kam. Bei der 25-tägigen „Kur" brachte man die Züge technisch wie optisch auf Vordermann. Als Erstes waren die 18 Züge dran, die seit Dezember 2016 im Gotthard-Basistunnel von/nach Lugano zum Einsatz kommen.

Vom ETR 610 zum „Giruno"

Der ab 2015 am Gotthard eingesetzte ETR 610 konnte technisch und optisch punkten. Am Simplon und Lötschberg fuhr der Zug mit Zulassung in Italien, Schweiz und Deutschland früher. Die Einsätze am Gotthard verzögerten sich, auch wegen des zu hohen Zuggewichts. Seine Neigefähigkeiten konnte der ETR 610 nicht zur Gänze in die Waagschale werfen. Vor allem die in Silber und Rot lackierten Züge der FS erfreuten am Gotthard und boten eine willkommene Abwechslung für die Fotografen. Die SBB verfügen, dank einiger nicht unumstrittener Nachbestellungen, insgesamt über 19 Züge des Typs ETR 610. Die sieben Züge der ersten Serie stammen noch aus der Cisalpino-Ära. Ab Ende 2009 wurden die Züge durch SBB und Trenitalia getrennt betrieben. Im Jahr 2012 bestellten die SBB acht zusätzliche ETR 610, 2015 folgte eine Nachbestellung von vier weiteren Zügen. Seit Frühling 2017 ist die Flotte der SBB somit komplett. Seit Dezember 2017 verbindet ein ETR 610 Frankfurt am Main mit Milano – via Basistunnel.

Schon bald aber wird die neue „Giruno"-Flotte des Schweizer Herstellers Stadler Rail, die aus 29 Fahrzeugen besteht, auf der Nord-Süd-Achse von Basel/Zürich ins Tessin fahren und ab Frühjahr 2020 weiter bis Milano. Der „Giruno" steht für Komfort und Mobilität der Zukunft. Testfahrten, auch auf der historischen Gotthardbahn, fanden bereits statt. ■

Elegant legt sich der ETR 610 im Dazio Grande in den Gleisbogen. In wenigen Minuten wird dieser Bereich im Schatten liegen.

November 2016 an der Intschireuss-Brücke. Ein ETR 610 der SBB ist auf der Fahrt nach Zürich Hbf. In den Hochlagen hat der Winter sich bereits angemeldet. Die Brücke ist übrigens auch für Fußgänger passierbar, ein Steg – mit Blick in die Tiefe – führt unterhalb der Gleise auf die andere Seite.

Gleich hinter dem 300 m langen Kirchberg-Tunnel schließt sich die Untere Meienreuss-Brücke an. Der ETR 610 der Trenitalia hat hier einen perfekten Auftritt.

Vor schweren Zügen:
Bullige Maschine

Ab 1975 sorgte die Re 6/6 für eine einschneidende Veränderung in der Zugförderung der SBB. Schnellzüge mit bis zu 800 Tonnen konnten nun über die Rampen der Gebirgsbahnen gezogen werden. Von Klaus Eckert

Es war in den mittlerweile über drei Jahrzehnten, in denen ich mich an der Gotthardbahn aufgehalten habe, immer ein besonderes Erlebnis, wenn ein langer Güterzug mit einer führenden Re 6/6 vorbeifuhr. Ein besonders eindrucksvolles Bild ergab sich natürlich mit zwei dieser bärenstarken Maschinen an der Zugspitze. Die Mitfahrt auf einer Re 6/6, die einen über 1600 Tonnen schweren KLV nachschob, erlaubte mir zudem besondere Einblicke.

Die Entwicklungsgeschichte der bulligen Maschine reicht weit zurück. Es war fast schon eine kleine Zeitenwende, als mit der Re 6/6 11001 im Jahr 1972 die erste Probelokomotive auf noch tapsigen Füßen ihr Testfahrten-Programm unternahm. Das, was die SBB der Industrie ins Pflichtenheft geschrieben hatten, schien vollumfänglich auf-

Auf der dritten Ebene oberhalb von Wassen ziehen gleich zwei Re 6/6 den nur montags verkehrenden 45007 von Weil am Rhein nach Chiasso. An der Zugspitze ist die grüne Re 6/6 11646 „Bussigny".

zugehen – so die einhellige Meinung bereits nach kurzer Zeit. Aber auch ihre bullige Erscheinung mit dem im Vergleich zur Re 4/4 II höheren Stirn machte sie sogleich zu etwas ganz Besonderem. Wie kam es dazu? Nach erfolgreicher Indienststellung der Re 4/4 II war klar, dass die neue Re 6/6 dem ersteren Typ in vielem entsprechen sollte, auch in puncto Fahrmotoren. Da jedoch eine Leistungssteigerung gefordert war, mussten neue Fahrmotoren entwickelt werden. Dabei stellte sich heraus, dass sich die für die Kühlung benötigte Luftmenge nicht über die vorgesehenen Luftansaugöffnungen zuführen ließ, die sich in den seitlichen Dachrundungen befanden. Neue Entwürfe sahen dort nun größere Bereiche vor und auch ein seitliches Düsengitter, das jedoch aus optischen Gründen erfreulicherweise rasch verworfen wurde. So entschied man sich letztlich für eine Lösung mit größeren Luftansaugungen in den seitlichen Dachrundungen. Das hatte zur Folge, dass das Dach gut 110 mm höher ausfiel als bei der Re 4/4 II und die Maschinen somit eine imposantere Frontpartie erhielten.

Doch nicht nur dieses optische Merkmal, auch ihre Länge von 19,4 m und das satte Gewicht von 120 Tonnen gehörten zu den Kennzeichen der Re 6/6. Neu war außerdem, dass die sechs Achsen nicht in zwei, sondern drei Drehgestellen Platz fanden. Wegen dieser Neuerung wollte man auf Nummer sicher gehen und ließ gleich vier verschiedene Prototypen zum Testrennen antreten: Neben der 11601 erhielt auch die 11602 einen geteilten Lokkasten. Die beiden anderen Probanden bekamen einen ungeteilten Aufbau, allerdings war die Federung hier verschiedenartig ausgelegt. All dies galt es nun tüchtig zu erproben, auf den Rampenstrecken mit ihren satten Steigungen und teils engen Gleisbögen. Denn die Techniker wollten herausfinden, wie sich eine optimale Kastenabstützung bei einer Lok mit drei Drehgestellen (Bo'Bo'Bo') erreichen ließe, auch im Vergleich zur legendären Ae 6/6 mit ihren zwei dreiachsigen Drehgestellen (Achsfolge Co'Co'). Nach zahlreichen Probefahrten wurde der einteilige Lokkasten gewählt.

Die Bestellung der Serienloks erfolgte zwischen 1973 und 1976 in zwei Losen. Schließlich verfügten die SBB 1980 über 89 Exemplare dieses Loktyps. Es war auch die letzte SBB-Serie, die mit all dem wunderschönen Zierrat ausgerüstet wurde: Reliefwappen, Schweizerkreuz, Chrombuchstaben und -ziffern. Alle Loks trugen Gemeindewappen aus der ganzen Schweiz, was wesentlich zu ihrer Popularität beitrug. Natürlich war die Re 6/6 vor allem als neue Gotthard-Lok entwickelt worden. Das sollte sie aber nicht von anderen Strecken wie der Lötschberg- (ab Frühjahr 1976) oder Simplonbahn fernhalten. Auch auf vielen anderen Linien tauchten die Maschinen auf. Ihre Domäne war aber, als genügend Lokomotiven zur Verfügung standen, der schwere Schnellzugverkehr am Gotthard. Im Jahr 1975 wurde somit ein Umlaufplan von 14 Tagen aufgestellt, der fast ausschließlich Leistungen zwischen Luzern/Zürich und Chiasso auswies. Dies änderte sich »

Von der Ae 6/6 zur Re 6/6

Mit den ab 1952 in Dienst gestellten Ae 6/6 verfügten die SBB über 120 universell verwendbare, anspruchslose Maschinen. Diese kamen vor Schnell- und Frachtenzügen im ganzen Land zum Einsatz. Gestiegene Anforderungen im Dienst am Gotthard und Simplon verlangten aber nach einer noch besseren Lokomotive. Mit der Re 6/6 ging man neue Wege, die sich bis heute bewährt haben. Gebaut wurden 89 Exemplare. Sie sind auch beim Personal sehr beliebt.

Zu den vier Prototypen zählte die 11604, zu erkennen auch an den Lüftern, die sich von denen der Serienausführung unterscheiden. Eben hat die Maschine Erstfeld verlassen (Mai 1990). Links im Bild eine der Kabelbuden, wie sie, inzwischen ohne Funktion, bis heute an der Gotthardbahn stehen.

in den darauffolgenden Jahren nur wenig. Erst nachdem auch das zweite Baulos ausgeliefert war, kamen die kräftigen Loks (8020 kW Stundenleistung) auch im Güterzugdienst mehr und mehr zum Zug. Die Maschinen zählten zunächst zum Depot Erstfeld, dann stationierte man sie auch in Bellinzona.

Während der Erprobungszeit war die 11603 auch für ein Vierteljahr dem Depot Lausanne zugeteilt, damit sich die Lokführer, die auf der Simplonroute fuhren, mit ihrer Technik vertraut machen konnten. Dort (zwischen Vallorbe und Domodossola) war es möglich, die Höchstgeschwindigkeit von 140 km/h auszufahren.

Während am Gotthard Schnellzüge mit bis zu 800 Tonnen noch mit 80 km/h bergwärts gefahren werden konnten, gelang es, mit dem aufwendigen Zwischenlokdienst auch die Güterzüge nach und nach schwerer werden zu lassen. Ab März 1992 konnte dann auch nachgeschoben werden.

Bis heute ist die Re 6/6 zusammen mit den Re 4/4 II und III zumindest am Ceneri nicht wegzudenken. Zusammen können sie, gemeinhin als Re 10/10 bezeichnet, dann 1400 Tonnen bergwärts ziehen. Am Ceneri »

Auch die 11601, zu erkennen am geteilten Lokkasten, zählte zu den vier Prototypen. Ihre Abstellung erfolgte 2016 wegen diverser Gebrechen. Zusammen mit einer Re 4/4 II ist sie hier oberhalb von Erstfeld soeben in die Steigung eingefahren (26 ‰). Die Geschwindigkeit des schweren Zuges ist dementsprechend noch recht langsam, obwohl beide Maschinen voll arbeiten.

Im Oktober 1989 führte die Vorserienlok Re 6/6 11603 einen in Chiasso übernommenen Güterzug auf der Fahrt nach Basel an. Die Maschine wurde inzwischen bei den SBB ausgemustert und zusammen mit der 604 an „RailAdventure" verkauft. Dieses EVU setzt die Lok zu Überführungsfahrten, aber auch vor Güterzügen ein, wie im Herbst 2019 anlässlich der Zuckerrübenkampagne.

Fast wie früher: Am 23. Juni 2016 reisten Mitarbeiter des Bundesamtes für Verkehr über den Gotthard ins Tessin. Zuglok war dabei die Re 6/6 „Eglisau", die bereits eines ihrer beiden Wappen an einen unbotmäßigen Verehrer verloren hatte. Eben hat der Extrazug Wassen passiert. Seitdem die Re 6/6 zur Division Cargo gehören, fahren sie nicht mehr planmäßig vor Reisezügen.

Auf dem Weg nach Luino ist dieser Zug des KLV, der eben die 290 m lange Galleria Montebello in Bellinzona passiert hat. Die letzte grüne Re 6/6 wurde 2018 in das aktuelle Cargo-Design umlackiert.

Das Tanklager in Mendrisio erhält regelmäßig Nachschub, der in langen Kesselwagenzügen angerollt kommt. Vor der Eröffnung des Basistunnels schleppte ein Re 10/10-Gespann den 1350 Tonnen schweren und 289 m langen Ganzzug über die Rampen am Gotthard und Ceneri. Eben hat die Fuhre den Bahnhof Gurtnellen passiert, nun befindet sich die Re 6/6 617 „Heerbrugg" wieder in einer Steigung von gut 26 ‰ (25. Mai 2016).

werden die Re 10/10-Gespanne noch bis zur Eröffnung des Basistunnels im Jahr 2020 und am Simplon ganz sicher bis zu ihrem Dienstende arbeiten.

Planmäßige Einsätze der Re 6/6 vor Reisezügen sind aber seit 2002 leider Geschichte. Im neuen Nummernschema der SBB wurde aus der Re 6/6 die 620, unter Beibehaltung ihrer Ordnungsnummer. Neben den vier Prototypen sind nach Unfällen weitere Maschinen aus dem Betriebsdienst ausgeschieden, so die 020, 038 und die 073. Dass die SBB aber auch im Flachland noch lange nicht auf die Kraftprotze verzichten können, wird durch das Refitprogramm deutlich. Dieses verlängert den Einsatzzeitraum der Re 620 um gut 15 Jahre, also bis etwa 2035. Die Arbeiten erfolgen im Werk Bellinzona. Dabei werden die Kabel komplett erneuert, die Transformatoren überholt und die Dachpartie sowie der Stufenschalter saniert. Im Rahmen der Fahrwerksrevisionen findet eine Aufarbeitung der Drehgestelle statt. Die überholten Fahrzeuge werden mit ETCS ausgerüstet, oder man ersetzt die bereits installierte ETCS-Ausrüstung.

Zunächst wurden alle Arbeitsschritte an einer „Musterlok" ausgeführt und überprüft. Was die Ertüchtigung weiterer Re 620 angeht, so wird zu einem späteren Zeitpunkt hoffentlich eine wohlwollende Entscheidung fallen. Durch die Refit-Maßnahmen wird die dritte Revisionsstufe ersetzt. Die robusten Maschinen werden, trotz der Neubeschaffung weiterer Vectron-Lokomotiven, zumindest mittelfristig auf den Strecken des Binnenverkehrs benötigt, sehr zur Freude ihrer großen Fangemeinde. ■

Rechte Seite: Auch bei den Re 6/6 werden die Anschriften geändert. So erhalten die Loks die lange TSI-Nummer. Die Lokschilder entfallen. An den Frontseiten werden die Loknummern in siebenstelliger Form als 620 xxx-x angeschrieben. Bei den Fahrzeugen im Cargo-Design wurde dies schon beim Neulack so gehandhabt. Die 620 065 wird gleich durch den Strahlloch-Tunnel (39 m) fahren.

Die Re 620 026 „Zollikofen" ist hier vor dem aus Mannheim kommenden Güterzug 45025 bei Biasca zu sehen. Im Rahmen des Refit-Programms für diese Serie erhielt sie inzwischen einen Neulack und ist seit September 2019 im Cargo-Design unterwegs. Dabei blieben die Silberstreifen an den Stirnfronten erhalten.

cargo
620 065-3

Reisen 1. Klasse: Panoramablicke

Seit 2017 ist eine besondere Reise von Luzern nach Lugano möglich: Per Dampfschiff geht es über den Vierwaldstätter See bis Flüelen, wo der Gotthard-Panorama-Express (Gopex) startet. Von Ilona Eckert

Die alte Nord-Süd-Route über den Gotthard durchquert urschweizerisches Gebiet. Daher verwundert es kaum, dass auch die später hier gebaute Gotthardbahn etwas vom legendären Nimbus der Region abbekam. Gemäß dem Gründungsmythos der schweizerischen Eidgenossenschaft waren es die drei Waldstätten Uri, Schwyz und Unterwalden, die sich im Jahr 1291 auf der Rütli-Wiese, bei Seelisberg oberhalb des Urner Sees gelegen, gegen die Herrschaft der tyrannischen Habsburger Vögte verbündeten. Per Schiff lässt sich die „Wiege der Eidgenossenschaft" bequem erreichen. Die Rütli-Wiese ist ein symbolträchtiges Ausflugsziel und der passende Ausgangsort eines Wanderwegs, den Geschichtsinteressierte gerne ablaufen werden. Dieser 35 km lange „Weg der Schweiz",

1991 anlässlich der 700-Jahr-Feier der Eidgenossenschaft von den 26 Schweizer Kantonen gemeinschaftlich finanziert, führt um den Urner See herum und erschließt dabei berühmte Orte wie die Tellsplatte, die an die dramatischen Begebenheiten im Leben des Schweizer Nationalhelden erinnert. Der Wanderer kommt dabei auch durch Flüelen, wo die Reisenden ab Luzern in den Gotthard-Panorama-Express (Gopex) umsteigen.

Zum Angebot des Gopex ab Luzern gehört die Passage über den Vierwaldstätter See, die, soweit möglich, immer mit einem Dampfschiff gefahren wird. Doch zurück zum Seenamen und dem Rütli-Schwur: Als weitere Waldstätte gesellte sich später auch Luzern zu den Verbündeten hinzu, daher die „Vier" im Vierwaldstätter See. Dieser berührt neben den drei eingangs genannten Urkantonen mit Luzern noch einen vierten. Während der eine oder andere Fahrgast noch versucht, sich die finsteren alten Zeiten der Eidgenossen vorzustellen, rollt der Gopex langsam los. Reservierungspflicht besteht für alle Reisenden. Allerdings besteht keine Sitzplatzwahl für den mitrollenden Fotowagen, denn dieser soll mit seinen zu öffnenden Fenstern stets möglichst vielen Fotografen und Filmern zur Verfügung stehen.

Alle sitzen nun auf ihren reservierten Plätzen, auf dem Dampfschiff hingegen hatten die Reisenden eine freie Platzwahl, lediglich die Komfortklasse (1./2.) war vorab buchbar. Das ist nach wie vor so.

Ab 2020 nur noch Panoramawagen

Erwartungsvoll blicken die meisten aus dem Fenster, bald wird der Zug Altdorf passieren, eine weitere Stätte, um die sich Mythen ranken, soll doch Wilhelm Tell in der Nähe des Ortes zu Hause gewesen sein. Daher gibt es hier auch ein Tell-Denkmal mit überlebensgroßen Figuren und ein Tellspielhaus, in dem seit 1899 regelmäßig das Wilhelm-Tell-Drama von Friedrich Schiller aufgeführt wird. Noch rollt der Zug auf der flachen Strecke dahin, so richtig spannend wird es dann ab Erstfeld, wo die Gotthard-Nordrampe ihren Anfang nimmt. In deren Verlauf überwinden die Züge eine Steigung zwischen 26 und 28 Promille.

Anfangs bestand der Gopex aus drei Panoramawagen der 1. Klasse sowie einigen 2.-Klasse-Wagen. Ab dem nächsten Fahrplanwechsel bzw. mit Beginn der nächsten Saison, die vom 18. April bis zum 18. Oktober 2020 dauert, wartet der dienstags bis sonntags (auch wenn Feiertag ist) verkehrende Gopex allerdings mit einigen Veränderungen auf: Neu im Angebot ist die Verbindung Arth-Goldau – (Brunnen – Flüelen) – Lugano, die teils am Urner See entlang führt und für Fahrgäste, die vom Raum Zürich oder St. Gallen über die Süd-Ost-Bahn (SOB) anreisen, interessant sein dürfte. Auch nach Luzern besteht ab Arth-Goldau eine Verbindung (Voralpenexpress St. Gallen – Luzern).

Außerdem verkehrt der Gopex nun als reiner 1.-Klasse-Panorama-Wagen-Zug. Die vier Wagen werden insgesamt 216 Sitzplätze anbieten. Der Fotowagen wird weiterhin mitgeführt. Tickets sind an jedem Schweizer Bahnhof und online erhältlich (www.sbb.ch). »

Flüelen am Vierwaldstätter See

Im September 1837 ging das erste Dampfschiff auf dem sagenumwobenen Gewässer in Betrieb, welches im südlichen Teil in den Urner See übergeht. An den Ufern des letzteren finden sich Orte, an denen die Gründungsgeschichte der Eidgenossenschaft und die Erinnerung an den legendären Freiheitskämpfer Wilhelm Tell wachgehalten werden.

Foto: SBB

Spätherbst bei Biasca. Für Reisende ab Lugano wird es jetzt so richtig spannend, beginnt doch hier nun die Südrampe der historischen Gotthardbahn.

Der Säcken-Viadukt liegt zwischen Gurtnellen und Amsteg (von Beginn an aus Mauerwerk errichtet, 124 m lang). Der Gopex fährt Richtung Norden.

Internationale Fahrausweise werden anerkannt. Buchbar ist die Fahrt sowohl von Lugano als auch von Luzern (Schiff) oder Arth-Goldau aus, das Bereisen von Teilstrecken ist ebenfalls möglich. Der Gopex hält planmäßig in Flüelen, Göschenen, Airolo und Bellinzona. An Bord werden auf Wunsch kleine Snacks und Getränke am Platz serviert.

Laut dem Fahrplan 2020 fährt der Zug in Lugano um 9.22 Uhr ab, kommt um 11.47 Uhr in Flüelen an (ggf. weiter mit Dampfschiff) und erreicht um 12.12 Uhr Arth-Goldau, von wo aus er um 13.44 Uhr wieder Richtung Gotthard aufbricht. Den Bahnhof Flüelen verlässt der Gopex dann um 14.10 Uhr.

Das Dampf- (oder Motorschiff) legt in Flüelen um 12.00 Uhr ab und erreicht Luzern um 14.47 Uhr. In der Gegenrichtung geht es um 11.12 Uhr in Luzern los, wobei Flüelen um 13.55 Uhr erreicht wird.

Genussfahrt über Kehren und Schleifen

Kurz vor Erstfeld zweigt die Strecke zu den beiden jeweils 57 km langen Einspurröhren des Gotthard-Basistunnels ab, dem derzeit längsten Bahntunnel der Welt. An zwei Multifunktionsstellen können die Züge bei Bedarf von einer zur anderen Röhre wechseln. Ab Erstfeld muss sich die Zuglok des Gopex, in der Regel ist es eine Re 4/4 II, ins Zeug legen. Die Steigung beträgt nun 26 Promille, ein Wert, der zwischen Zraggen und Gurtnellen auf 28 Promille ansteigen wird. Um die Steigung in einem erträglichen Rahmen zu halten, hatte man seinerzeit eine ausgeklügelte Trassierung ausgearbeitet. Zahlreiche Kunstbauten mussten errichtet werden. Zwischen Flüelen und Lugano (ca. 150 km) sind daher insgesamt 44 Tunnels und 23 größere Brücken zu passieren. Geradezu verwirrend zeigt sich die Situation hinter Gurtnellen. Um an Höhe zu gewinnen, schraubt sich das Gleis bis Göschenen über mehrere Kehrtunnels bergwärts. Rund um das Dörfchen Wassen mit seiner berühmten St.-Gallus-Kirche, die auf einem Felssporn thront, überwindet der Zug mit Hilfe mehrerer Brücken gleich mehrmals die Reuss und wechselt schließlich die Talseite (Wattinger Bogen). In einem weiteren Kehrtunnel geht es von dort auf die rechte Hangseite und weiter zum Bahnhof Göschenen. Anschlussreisende können hier in die meterspurige Matterhorn-Gotthardbahn umsteigen, die teils im Zahnstangenbetrieb ihre Fahrgäste durch die Schöllenenschlucht hinauf nach Andermatt bringt.

Von 1954 bis 1980 existierte übrigens eine Autoverladung zwischen Göschenen und Airolo. Im Bahnhof Göschenen (1106 m ü. M.) ist die alte Zufahrtsrampe noch als solche zu erkennen. Der Betrieb endete mit der Eröffnung des 16,8 km langen Gotthard-Straßentunnels. Doch zurück zum Gopex: Das Nordportal des gut 15 km langen Scheiteltunnels verschluckt den Zug nun, um ihn auf der Südseite bei Airolo wieder auszuspucken. Die einst etwa zwölfminütige Fahrt dauert nun länger, da der Zug im Tunnel stellenweise sehr langsam fährt, um den Reisenden den Blick auf diverse Lichtinstallationen zu ermöglichen. Bilder werden an die Wände projeziert, sie vermitteln einen Eindruck von der Baugeschichte des Gotthardtunnels, die von Mühsal und Tragik geprägt war.

Geländestufen und südländisches Flair

Bis Bellinzona folgt die Gotthardbahn dem Lauf des Ticino. Auf dieser Etappe hat sie zwei steil abfallende Geländestufen zu überwinden. Die erste beginnt hinter Rodi-Fiesso und wird Dazio Grande („großer Zoll") genannt. Ihr Name geht auf eine alte Urner Zollstation zurück, deren palazzoartiges, heute noch erhaltenes Gebäude von 1561 bis Ende des 18. Jahrhunderts in Funktion war. Es befindet sich am Eingang zur Piottino-Schlucht, die um 1550 durch eine Straße erschlossen wurde. Diese alte „Urner Straße" ist heute für Fußgänger geöffnet. Im Dazio Grande schlängeln sich die Züge über zwei in Form einer Acht angelegte Kehrtunnels und mehrere Brücken über den Ticino hinab. Durch die Kreisfahrt ergeben sich immer wieder neue Perspektiven, gebannt sehen die Fahrgäste aus dem Fenster. Vergleichbare Eindrücke bietet auch die zweite „Karusselltour", sie führt durch die Biaschina, eine weitere Geländestufe, die sich zwischen Lavorgo und Giornico befindet. Die Biaschina entstand zwischen der Jungsteinzeit (vor 14.000 Jahren) und der Spätsteinzeit (vor 12.000 Jahren) aufgrund eines gewaltigen Bergsturzes. Der namensgebende Fluss im Tessin (italienisch: Ticino) und der in den Ticino mündende Fluss Ticinetto wirkten an der Gestaltung der Biaschina mit. Insbesondere der Ticino fraß sich tief in den Felssturz hinein und formte auf diese Weise eine Schlucht, in der sich die Gotthardbahn, der Fluss und die Autobahn den Platz auf engstem Raum teilen müssen. Auch hier meistert die Bahn das Gelände mit Hilfe zweier Kehrtunnels und einer für den Reisenden verwirrenden Streckenführung über drei Ebenen.

Mittlerweile befinden wir uns auf einer Höhe von etwa 500 m ü. M. Weingärten umgeben die Orte, die zunehmend ein südländisches Gepräge zeigen. Zu erwähnen wäre da beispielsweise Giornico mit seinen sehenswerten Kirchen, darunter San Nicolao, um 1125 errichtet und wohl einer der bedeutendsten romanischen Sakralbauten im Tessin. Giornico ist auch als Austragungsort einer Schlacht berühmt, die 1478 stattfand. Damals gelang es den Eidgenossen, die Mailänder zu vertreiben, woraufhin die Leventina, wie das Flusstal des Ticinos auch genannt wird, von den Urnern besetzt wurde. Deren Herrschaft dauerte bis zum Ende des 18. Jahrhunderts. Zwischen Bodio und Pollegio, unweit von Biasca, befinden sich die beiden Südportale des Basistunnels. Daneben erhebt sich, wie ein kantiger Pilz, das Gebäude der SBB-Betriebszentrale Süd (s. Kasten).

Bald darauf wird Bellinzona (241 m ü. M.) erreicht, der Hauptort des Kantons Tessin. Er wird von drei mittelalterlichen Festungsanlagen (UNESCO-Weltkulturerbe) eingerahmt. In Bellinzona unterhalten die SBB ein Werk, in dem 530 Mitarbeiter für die Instandsetzung von Elektroloks, Güterwagen und TILO-Regionaltriebzügen beschäftigt sind. Der weitere Streckenverlauf führt den Gopex ein

Interessante Streckenentwicklung zwischen Gurtnellen und Wassen an der Nordrampe. Die Kehrtunnels sind ein Markenzeichen der Gotthardbahn und ermöglichen ein beherrschbares Gefälle.

Dreimal erblickt der Fahrgast die Kirche von Wassen durch die Wagenfenster. Reiseleiter erklären während der Fahrt im Gopex die Höhepunkte.

Stück weit durch die Magadinoebene, eine sich bis zum Lago Maggiore hin erstreckende Auenlandschaft, und via Giubiasco über den Monte Ceneri (Scheitelpunkt bei Rivera-Bironico, 472 m ü. M., maximal 26 Promille Steigung). Dahinter senkt sich die Trasse zum Luganer See hinab. Derzeit laufen die Bauarbeiten im 15,4 km langen Ceneri-Basistunnel. Im Januar 2016 gelang der Durchschlag, die Inbetriebnahme ist für Ende 2020 geplant. Vom mondänen Lugano mit seinen palmenbestandenen Promenaden führt seit 1912 eine meterspurige Regionalbahn zum südwestlich gelegenen italienischen Grenzort Ponte Tresa. Eine 2016 wiedereröffnete Standseilbahn verbindet den Bahnhof Lugano mit der malerischen Altstadt und dem Luganer See. Bis Chiasso an der Schweizer Grenze zu Italien, wo die Kilometrierung der Gotthardbahn ab Immensee (am Zuger See) endet, sind es noch 24 km. ■

SBB-Betriebszentrale Süd

Hier erfolgen die Fernsteuerung des Zugbetriebs, der Sicherungsanlagen, der Fahrstromversorgung und der Information auf den Abschnitten Arth-Goldau – Chiasso und Bellinzona – Locarno/Luino sowie die Überwachung der Technik und Stromversorgung im Basistunnel und auf den Zulaufstrecken.

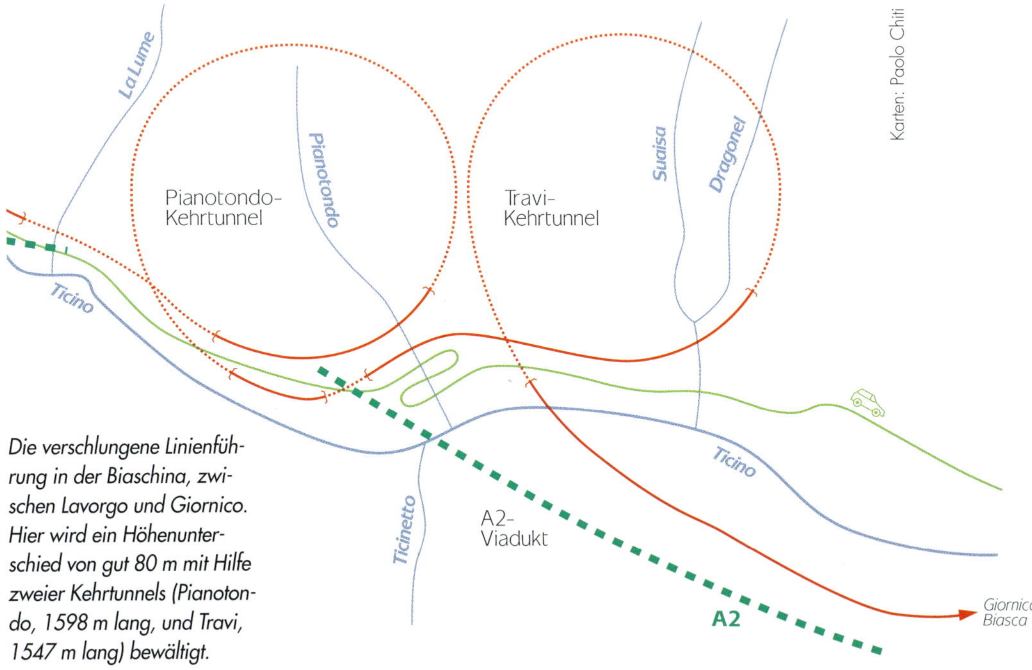

Die verschlungene Linienführung in der Biaschina, zwischen Lavorgo und Giornico. Hier wird ein Höhenunterschied von gut 80 m mit Hilfe zweier Kehrtunnels (Pianotondo, 1598 m lang, und Travi, 1547 m lang) bewältigt.

Karten: Paolo Chiti

Im Interregio ins Tessin: Reisen mit Stil

Neben den zahlreichen Frachtenzügen und den hochwertigen internationalen Fernzügen rollten auch Reisezüge mit etlichen Halten über die Bergstrecke. Besonders beliebt waren die Interregios. Von Klaus Eckert

Nahverkehr am Gotthard

So sahen während vieler Jahre die Regionalzüge am Gotthard aus: Eine Re 4/4 I hatte neben einem Gepäckwagen noch drei EW-I-Wagen am Haken, darunter auch einen Steuerwagen. Die Aufnahme von Hansjürg Rohrer entstand am Säcken-Viadukt (124 m).

Ein Blick auf das Fahrplanjahr 1989/1990 bringt Erstaunliches zutage. Es gab damals noch richtige Nahverkehrszüge, die auch am Gotthard an jeder Station hielten. Selbst für Intschi, einen Haltepunkt, war in den Kursbuchtabellen ein Zwischenstopp verzeichnet. Mit einigen Lücken verkehrten diese Züge im Stundentakt. Immer zur vollen Stunde wurde Arth-Goldau in Richtung Süden verlassen. Die Züge gingen bis nach Göschenen. Dort gab es Anschluss weiter in den Süden oder auch nach Andermatt, mit der damaligen Furka-Oberalpbahn, der heutigen MGB. Arth-Goldau wurde aus der Gegenrichtung immer zur Minute 58 erreicht. Auch auf der Südseite wurden Nahverkehrszüge angeboten. Meist waren es, wie im Norden, Pendelzüge, die mit Re 4/4 I bespannt wurden. Diese Angebote sind längst Vergangenheit. Auch wären sie wegen der zwischen 1999 und 2004 deutlich gestiegenen Zahl an Güterzügen wirklich nur im Weg gewesen. Busse sorgen heute im Reuss-Tal für gute Verbindungen. Natürlich entbrannte nach Eröffnung des Gotthard Basistunnels die Diskussion über einen Schienenpersonennahverkehr. Trassen gibt es genügend. Die Frage ist, ob ein Zug, der dann wieder an allen Stationen und Haltepunkten verweilt, attraktive Fahrzeiten bieten kann. Und wie kann er dann, ab Erstfeld oder Arth-Goldau, in den Takt integriert werden? Der Rückbau der Infrastruktur, wie das Festlegen von Weichen, macht künftig viele Aktivitäten schwieriger. Es stellt sich oft die Frage, welche Konzepte die SBB mit der Gotthardbahn-Bergstrecke überhaupt verfolgen.

Neben dem klassischen Nahverkehr gab es früher noch eine weitere Zugart, die gerne als

Einen Schnellzug aus Chiasso führt die Vorserien-Re 6/6 11601 bei Ambri-Piotta bergwärts. Der Zug bestand aus EW-I- und EW-II-Wagen.

„Schnellzug B" bezeichnet wurde. Die Züge kamen von Basel, Zürich oder Luzern und gingen alternierend nach Locarno oder Chiasso. Manche hatten eine stattliche Länge, oft hingegen aber nur wenige, nicht allzu komfortable Wagen (EW I und II) hinter der Re 4/4 II. Diese Wagen wurden in sehr großer Stückzahl beschafft. Umlaufbedingt kamen auch Re 6/6 vor diesen Zügen an den Gotthard. Einen exakten Taktfahrplan gab es noch nicht.

Die innerschweizerischen Verbindungen wurden nach und nach optimiert So wurde Arth-Goldau zum zentralen Knoten mit Umsteigemöglichkeiten in alle Richtungen. Direkte Interregio-Züge liefen ab Basel, Luzern oder Zürich alternierend. Die meisten verkehrten von und nach Locarno. Einige, vor allem in Tagesrandlage und für Schüler und Pendler sehr interessant, erreichten Chiasso. Ein Zugpaar hingegen verkehrte nur zwischen Zürich und Bellinzona. Hier kamen EW-IV-Wagen zum Einsatz, später dann auch ehemalige EC-Wagen. 300 Exemplare aus dem EW-IV-Wagenpark wurden zwischen 1995 und 1998 pendelzugfähig gemacht. Die neu beschafften Steuerwagen Bt IC wurden auf der Basis der SBB-EC-Wagen Apm und Bpm (mit identischem Wagenkasten für beide Wagenklassen) konstruiert. Sie haben einen größeren Sitzabstand, eine Tür ganz am Wagenende und sind seit Beginn für 200 km/h zugelassen. Sie erhielten den Führerstand der Re 460.

Diese Loks wurden gemäß dem immer noch beliebten Swiss-Express-Farbschema lackiert: Re 4/4 II 11103, 11106, 11108, 11109, 11112, 11113, 11133, 11141. Im Jahr 2019 waren lediglich noch die 08 und die 09 so unterwegs. Bei Amsteg zeigte sich am 22. April 2015 bereits der Frühling, als ein Interregio auf der Fahrt nach Locarno vorbeikam.

Das Schönste an den Interregios, für Reisende wie auch Fotografen, war aber der mitge- »

führte Panoramawagen. Vor allem von Süden kommende Züge hatten diesen, wenn sie nicht Verstärkungswagen mitführten, stets an zweiter Stelle hinter dem 1.-Klasse-Wagen eingereiht. Dies galt es bei der Wahl eines Fotopunktes zu beachten. Doch mit der Eröffnung des Basistunnels ging auch die Zeit des Interregios am Berg zu Ende. In Erstfeld muss in den TILO umgestiegen werden. Pendelzüge aus Basel und Zürich kommen dort stündlich an. Ein Zustand der von vielen als Zumutung empfunden wird.

Lediglich an Wochenenden fahren einige Züge bis Göschenen durch. Ab hier gibt es auch eine Frühverbindung mit dem TILO bis nach Milano Centrale. So kann es zwar als merkwürdig, aber auch verständlich angesehen werden, dass hier Touristiker sich in der Not dazu gezwungen sehen, ihre Gäste mit Bussen zu befördern. Die Andermatt Swiss Alps AG bot im Winter eine direkte Anreise aus Schweizer Städten mit Bussen zum Andermatter Skigebiet an. Im Sommer reisten Touristen, ebenfalls in Bussen, zur Furka-Dampfbahn nach Realp. Man will den Gästen »

Eben hat der Interregio nach Locarno den unscheinbaren Viadukt bei Kilometer 52 erreicht, der aus drei gemauerten Bögen besteht.

Rechte Seite: Nur für einige Augenblicke kommen die bergwärts fahrenden Züge zwischen dem 1476 m langen Pfaffensprung-Kehrtunnel und dem 53 m langen Muhren-Tunnel ans Tageslicht. Der Fotopunkt, oberhalb des letztgenannten Tunnels, ist schwer zugänglich. Einsam liegt ein heute privat genütztes Wärterhaus in der idyllischen Landschaft. Die Aufnahme entstand im Mai 2011 oberhalb von Gurtnellen.

Die farbenfrohe 460 099 wird gleich den Mühle-Tunnel (88 m) durchfahren.

25. September 2015, ein Freitag: Es ist früher Abend in Airolo. Der Interregio aus Locarno, bereits mit drei Verstärkungswagen an der Zugspitze, rollt in den Bahnhof ein. Die Militärangehörigen reisen unaufgeregt ins verdiente Wochenende.

das Umsteigen nicht zumuten. Doch eine Wende zum Besseren ist in Sicht. Die Schweizerische Südostbahn (SOB) hat neue Züge für die Strecke Basel/Zürich–Locarno/Lugano in Beschaffung. Dabei handelt es sich um den „Traverso" aus dem Hause Stadler. Diese Züge haben ab Sommer 2019 nach und nach die Leistungen des „Voralpen-Express" übernommen. Ab Dezember 2020 wird die SOB dann im Co-Branding SOB-SBB am Gotthard fahren, und zwar mit einer Fernverkehrskonzession bei den SBB. Für diese Leistungen wird die SOB von den SBB bezahlt. Die langfristige Kooperation zwischen SOB und SBB wird dann eine erwünschte und der Strecke angemessene Reisequalität, die einen gewissen Stil hat, bringen. Dank durchgängiger Verbindungen von Basel bzw. Zürich entfällt das lästige Umsteigen in Erstfeld. Das sind doch erfreuliche Aussichten für diese einzigartige Strecke.

Hochsommer am Gotthard. An einem feinen Sonntag im Juni 2016 erwarteten einige Lichtbildner diesen Interregio zwischen Gurtnellen und Amsteg.

Der alte Kirschbaum bei der Mittleren Meienreuss-Brücke erfreut jedes Frühjahr durch seine Blütenpracht. Ein Interregio wird gleich den Bahnhof Wassen auf dem Weg nach Zürich durchfahren.

SBB-Panoramawagen

Am 6. März 2015 konnte der letzte der zwölf Panoramawagen das SBB-Industriewerk in Olten nach einer gründlichen Aufarbeitung verlassen. Nun finden sich an sämtlichen Sitzplätzen Steckdosen für Handy- und Laptop-Nutzung, und es gibt geschlossene WC-Anlagen. Aber auch die Inneneinrichtung wurde komplett umgestaltet: Sämtliche Sitze, Fenster-, Wand- und Deckenelemente sind aufgearbeitet worden. Rund acht Millionen Franken investierten die SBB in die Aufwertung der 1991 gebauten Wagen. Diese verkehrten vorwiegend am Gotthard. International laufen sie mit den EC 163/164 von Zürich Hbf nach Graz Hbf, aber auch am Rhein entlang in den EC 8/9 von Hamburg nach Zürich Hbf. Und sie schmücken die EC zwischen München und Zürich, die das schöne Allgäu passieren. Ab April 2020 werden noch mehr dieser Wagen im Gotthard-Panorama-Express laufen. Dieser Zug wurde 2017 ins Leben gerufen, aus diesem Grund wurden auch die Panoramawagen mit einem neuen Design versehen.

Gleich hinter dem 300 m langen Kirchberg-Tunnel schließt sich die Untere Meienreuss-Brücke an. Die bunte 460 048 ist mit dem ersten Interregio aus Locarno auf dem Weg nach Basel.

TXLOGISTIK
TXLOGISTIK

Rollbahn für Frachten

Die Gotthardroute war schon immer ein Transportweg für Güter. Einst mühten sich Säumer, später Dampfrösser, „Krokodile" und schließlich Hochleistungsloks ab. Und dann kam der Basistunnel. Von Klaus Eckert

Während all der Jahre, in denen ich die Gotthardregion stets mit großem Vergnügen bereiste, galt das Augenmerk meist den Güterzügen. Den bunten, langen und schweren Wagenschlangen zuzusehen, wie sie sich in die Höhe wanden oder ruhig zu Tale rollten, beeindruckte mich außerordentlich. Oberhalb von Wassen blinzelt die Sonne im Hochsommer schon recht früh über die Berge, sodass ich dort sehr gern mein fotografisches Tagewerk begonnen habe. Hier sieht man die Züge auch schon, wenn sie sich im Wattinger Bogen annähern. Als ich im Spätherbst 2019 zum (vorläufig) letzten Mal in Wassen nächtigte, Ziel war diesmal nicht der Gotthard, sondern die HG 4/4 der Furka-Dampfbahn, war die Nacht überaus ruhig. Viel zu ruhig. Auch beim schmackhaften Frühstück im Gasthaus Gerig ging der Blick immer wieder auf die Mittlere Meienreuss-Brücke, aber außer den »

Beim ehemaligen Haltepunkt Intschi begegnete der TEC 41022 nach Venlo einigen Fotografen. Traktioniert wurde der Zug von BLS-Cargo, zwei Leihloks aus dem Railpool führten den Zug talwärts (April 2016).

Linke Seite: Gemeinsam haben die gelben ES 64 U2 096 und 097 diesen Hupac-KLV von Frankfurt nach Gallarate über die Bergstrecke gezogen, um ihn nun talwärts zu bremsen. Dies geschieht mit der Sägezahnmethode. Beide Maschinen verfügen über einen dritten Stromabnehmer nach Schweizer Norm, also mit schmälerem Schleifstück. Eben wird der herrliche Stalvedro-Viadukt bei Airolo befahren.

TILOs kam nichts des Weges. Die Frachten eilten derweil gut 500 m tiefer durch den Gotthard-Basistunnel (GBT). Es bleiben Erinnerungen, die in gut 2000 Bildern festgehalten wurden. Zunächst mit der Mittelformatkamera (Pentax 67) oder der Leica R 6.2, die beide bis zum Ende der Bergstrecke stets treue Begleiter waren, aber dann immer häufiger mit digitalen Kameras von Canon (D5 Mark III). Beim Betrachten dieser Fotografien schaue ich gerne auf die nun gut 30 Jahre zurück, in denen ich die Gotthardbahn, dieses grandiose Meisterwerk der Eisenbahntechnik, erleben durfte.

Natürlich schwingt auch immer ein bisschen Wehmut mit. Einerseits. Andererseits ist der GBT zusammen mit dem Ceneri-Basistunnel (CBT), dem Ausbau der gesamten Strecke von Basel via Bötzberg sowie dem Lötschberg-Basistunnel (LBT), dessen fahrplanmäßiger Betrieb am 9. Dezember 2007 begann, ein Bestandteil der Neuen Alpentransversalen (NEAT) und bildet einen weiteren, so dringlich notwendigen 4-m-Korridor. Das ist wichtig und war vom Schweizer Stimmvolk so gewollt. Die Politik hatte hierfür einen klaren Auftrag erhalten.

Anregungen von der Politik

Daran erinnerte auch die aktuelle Schweizer Verkehrsministerin, Bundesrätin Simonetta Sommaruga, im Sommer 2019 bei einem Besuch im Tessin. Sie wies zu Recht bei der Ceneri-Basistunnel-Besichtigung auf die Wurzeln der NEAT hin, nämlich den Urnengang vom 20. Februar 1994, als die Schweizerinnen und Schweizer die Alpen-Initiative annahmen und dem Bund damit den Auftrag gaben, den alpenquerenden Güterverkehr auf die Schiene zu verlagern. Es seien auch klare Ziele definiert worden, von denen man leider immer noch ein gutes Stück entfernt sei. So sollte bereits 2018 die Zahl der Transit-Lastkraftwagen durch die Schweiz auf 650.000 sinken. Das Ziel sei deutlich verfehlt worden, denn Ende 2018 wurden immer noch 941.000 Transitfahrten gezählt. Immerhin ging diese Zahl im Vergleich mit dem Vorjahr um 13.000 zurück.

Sommaruga bezeichnete die Ceneri-Eröffnung aber nicht nur als Abschluss, sondern vielmehr als Auftakt, den Schutz der einzigartigen Alpenregion zu forcieren. Mit dem nächsten Verlagerungsbericht, er wird alljährlich vorgelegt und dient als gute Quelle in Sachen Verkehrsleistungen, will die Ministerin, die der Sozialdemokratischen Partei (SP) angehört, weitere Maßnahmen vorschlagen, die dazu beitragen sollen, noch mehr Güter von der Straße auf die Schiene zu bringen. Erste Schritte tat sie aber schon kund. So sollen die Trassenpreise sinken, also die Abgeltungen, die Eisenbahnverkehrsun- »

Kraftwerk Amsteg

Das Wasserkraftwerk Amsteg liegt in der Gemeinde Silenen im Kanton Uri. Das heutige Wasserkraftwerk wurde im Jahr 1998 in Betrieb genommen und liefert Strom für den Gotthard-Basistunnel und die Nord-Süd-Achse. Die Kraftwerk Amsteg AG gehört zu 90 % der SBB; 9 % sind im Besitz des Kantons Uri, die Urner Kantonalbank hält 1 %. Das Wasserkraftwerk Amsteg ist ein wichtiges Glied in der Reuss-Kaskade. In den drei Stufen Göschenen – Wassen – Amsteg wird das Wasser gleich dreimal zur Produktion von Strom genutzt. Im Kraftwerk Amsteg wird das Wasser, das zuvor im Kraftwerk Wassen genutzt wird, vom Staubecken Pfaffensprung durch zwei 7,3 km lange Druckstollen ins Berginnere zum Wasserschloss oberhalb von Bristen geleitet. Zusätzlich wird Wasser vom Fellibach sowie vom Kerstelen- und Etzlibach gefasst. Vom Wasserschloss aus stürzt das Wasser 280 m in die Tiefe auf die drei Pelton-Turbinen des Kraftwerks in Amsteg. In der ursprünglichen Ausprägung als Laufkraftwerk ohne Staubecken produzierte die Anlage rund 300 Gigawattstunden pro Jahr. Für den Gotthard-Basistunnel und den damit erhöhten Bedarf an Energie wurde das alte Kraftwerk zwischen 1993 und 1998 durch einen Neubau in einer Felskaverne ersetzt.

Oft ist der erste Tag nach Schneefällen für Fotografen besonders spannend, hält sich doch gerne eine hochnebelartige Restbewölkung. Während es nördlich von Erstfeld meist sonnige Verhältnisse hat, schmiegen sich Hangwolken an die Bergflanken. So war das auch am 21. Januar 2016. Beide Fotostellen liegen nicht weit auseinander. Oben ist der TEC 40132 (1243 Tonnen, 491 m) talwärts unterwegs, während unten ein stark verspäteter KLV mit der Ersatznummer TEC 69111 (1417 Tonnnen, 610 m aus Taulov) mit dem Ziel Gallarate bergwärts rollt.

Die Ae 6/6 wurden wegen nicht vorhandener Vielfachsteuerung, die man aus Kostengründen auch nicht nachrüstete, vor schweren Güterzügen ungern im Duo eingesetzt, da man dazu einen zweiten Lokführer gebraucht hätte (Mai 1990).

ternehmen (EVU) für die Benutzung der Schienen zahlen müssen. „Für besonders lange Züge soll es zusätzlich Rabatt geben", regte die Politikerin an. Sie wies auch darauf hin, dass die Güterzüge nach dem Ausbau der Infrastruktur dann maximal 750 m lang sein könnten. Im Gegenzug solle die Straße mehr bezahlen, Lastkraftwagen, die besonders viel Schadstoffe ausstoßen, sollten eine höhere Schwerverkehrsabgabe (LSVA) entrichten müssen.

Verlagerungseffekte dauern

Ein belastbares Zahlenwerk wird wohl erstmals Anfang 2021 vorliegen, wenn ein ganzes Fahrplanjahr zu Ende gegangen ist und die Errungenschaften des kompletten Ausbaus quasi auf dem Tisch liegen. Bis dahin ist noch einiges zu tun. Vor allem darf man gespannt sein, wie die Arbeiten jenseits der Schweizer Grenze verlaufen werden. Flankierende Maßnahmen der Eidgenossen »

Drei Re 4/4 II oder III an der Spitze eines Güterzuges kamen dann zum Einsatz, wenn Mangel an Re 6/6 herrschte. Ein Tandem hätte diesen Stahlzug nicht über den Berg bringen können (24. April 2015).

Schiebedienst am Gotthard

Auf den Gotthard- und Ceneri-Rampen (hier bis 2020) durfte man wegen der engen Radien nur 300 Tonnen Last nachschieben. Somit liefen zwischen Erstfeld und Göschenen oder zwischen Bellinzona und Rivera maximal 1700 Tonnen schwere Züge. Die SBB-Schiebelok wurde in Göschenen abgehängt, BLS-Züge via Ceneri führten sie bis Chiasso mit.

Von Montag bis Freitag rollte ein mit Stahlprodukten beladener Ganzzug von Emmenbrücke nach Italien über den Gotthard. Zunächst war BLS-Cargo das EVU, dann ging der Zug an SBB-Cargo. Diese Sparte ist bis heute für die Traktion zuständig, durch den Basistunnel, versteht sich. Ab und an fiel reichlich Fracht an, und es wurde am Nachmittag ein zweiter Zug eingelegt, der hier auf der Intschialpbach-Brücke mit zwei BLS-Re 4/4 unterwegs war.

In ihrer schlichten Form fügt sich die Intschireuss-Brücke, im Jahr 1972 neu gebaut, gut in die Landschaft ein. Ein gemischter Frachtenzug, gezogen von zwei SBB-Re 460 in Vielfachsteuerung, passiert eben das 77 m hohe Bauwerk. Es besteht aus zwei eingleisigen Beton-Hohlkästen, die von Stützen getragen werden. Dazwischen verbindet ein Fußweg, den auch der Fotograf benützt hat, die beiden Talseiten.

Rotterdam ist das Ziel dieses Zuges, der fast nur Tankcontainer von Bertschi geladen hat. Bahnamtlich ist er als TEC 40200 geführt. Der mächtige Bristen zeigt sich noch verschneit und bildet einen Kontrast zur Frühlingslandschaft.

Wer den TEC 42013/15 auf seiner Fahrt nach Gallarate fotografieren wollte, musste oft missmutig das Vorhaben auf einen anderen Tag verschieben, erwies sich der Zug doch als sehr verspätungsanfällig. Auf dem gesamten Laufweg war BLS-Cargo für die Traktion zuständig. Nicht immer war dabei ein Alpinisten-Tandem in Form von zwei 485 bei der Arbeit. Der fotogene Zug kam aus Wanne-Eickel.

sollen die Vorhaben in Italien unterstützend begleiten. Doch all diese Baumaßnahmen behindern freilich auch den laufenden Betrieb. So wirkte sich die Sperre (mehrere Monate in 2017) auf der Luino-Linie (Bellinzona – Luino – Gallarate) natürlich auf die Trassen aus. Viele Züge mussten via Lötschberg umgeleitet werden, andere den Weg über Chiasso nehmen, sodass trotz des zur Verfügung stehenden GBT keine wesentlichen Verlagerungseffekte zu vermelden waren. Auch im Norden, im Abschnitt Brunnen – Flüelen, müssen die Tunnels aufwendig ertüchtigt werden. Auch völlig dilletantisches Management sorgte für massive Störungen. So muss an dieser Stelle auch das von der Deutschen Bahn zu verantwortende Disaster wegen des Tunneleinsturzes in Rastatt im Sommer 2017 genannt werden. Nach diesem unguten Ereignis konnte die Devise nur lauten, abzuwarten und zu analysieren. Nun gilt es, eine Strategie zu finden, mit der es gelingen kann, mittelfristig Kunden, die infolge des Rastatter Streckenunterbruchs auf die Straße abgewandert sind, wieder von der Leistungsfähigkeit der Schiene zu überzeugen. Die Zahlen für 2018 sind zwar, auf beide Alpentransversalen gerechnet, gestiegen, haben aber das Niveau von 2016 nicht wieder erreicht.

Spielarten des Schienengüterverkehrs

Unterschiedlich zeigen sich die verschiedenen Segmente des Schienengüterverkehrs: aufgeschlüsselt in den klassischen Wagenladungsverkehr (WLV) und die beiden Spielarten des Kombinierten Ladungsverkehrs (KLV) – den begleiteten, damit ist die Rollende Landstraße (RoLa) gemeint, und den unbegleiteten Verkehr. Zu letzterem zählt der Transport von Containern, Wech- »

Übergabe Schmelzmetall

Auch das gibt es am Gotthard: Eine Streckenlok führt ein bis zwei Güterwagen zu einem Anschlussgleis. In der südlichen Ausfahrt des Bahnhofs Gurtnellen ist die Schmelzmetall AG angesiedelt, die über einen Gleisanschluss verfügt und nur über diesen Rohstoffe und Fertigwaren umschlagen kann. So konnte auch am Donnerstag, den 28. April 2016, um kurz nach 10 Uhr die Re 6/6 11632 bei Intschi beobachtet werden. Die Bedienung erfolgt auch in 2020.

Die imposante Kerstelenbach-Brücke ist 127 m lang und 53 m hoch. Auch sie wurde mehrfach umgebaut. Beim Ausbau auf Doppelspur wurden die Pfeiler und Auflager verbreitert. Später erhielt die Brücke einen Fischbauchträger (1908), ehe sie 1970 in den heutigen Zustand versetzt wurde. Schöne Aufnahmen gelingen am Vormittag von der Bristenstraße aus, die man wegen der Enge am besten per pedes beschreitet, und am Nachmittag, zusammen mit dem Kraftwerk Amsteg (unten), von der gegenüberliegenden Seite aus. Zu sehen sind Loks der TRAXX-Familie von Crossrail (oben mit dem TEC 40126) und Maschinen im Dienste von BLS-Cargo. Sogar ein ehemaliges „Lokomotion-Zebra" aus dem Railpool kam eine Zeit lang am Gotthard zum Einsatz.

Ein Steig führt von der Bristenstraße talwärts. Gute Bergschuhe und Schwindelfreiheit sind unabdingbar, will man hier Fotos mit der Kerstelenbach-Brücke machen. Von einem der leistungsstärksten Rangierbahnhöfe in ganz Europa, Zürich-Limmattal, kam dieser „bunte" Güterzug. Er war auf dem Weg nach Chiasso.

Selten kamen die Re 484, Mehrsystemlokomotiven von SBB-Cargo International aus dem Hause Bombardier, auf der Gotthardroute zum Einsatz. Der Vorteil dieser Bespannung lag darin, dass ein Lokwechsel in Bellinzona zur Weiterfahrt nach Gallarate entfallen konnte. Die Aufnahme entstand beim ehemaligen Haltepunkt Intschi.

selbehältern und vor allem immer mehr Sattelanhängern. Gerade diese, die das Profil P400 aufweisen, bilden eindeutig einen Wachstumsmarkt, was anhand der Zahlen der Hupac, des wichtigsten Akteurs im Alpentransit, eindeutig zu erkennen ist.

Rückläufig ist die RoLa, so wurden am Lötschberg rund 12.000 weniger LKWs verladen. Am Gotthard spielt dieser Verkehr seit 2017 keine Rolle mehr. Zuletzt wurde nur noch ein Zugpaar zwischen Basel und Lugano gefahren. Eine Zeit lang gab es sogar einen Doppelzug zu nächtlicher Stunde. Eine Kurz-RoLa wurde übrigens nach der Sperre des Gotthard-Straßentunnels am 12. November

Genau für diese Verkehre wurden die 119 Exemplare der Re 460 gebaut. Zwischen 1992 und 1996 verließen die eleganten Maschinen die Werkhallen der legendären Lokschmiede SLM (Schweizerische Lokomotiv- und Maschinenfabrik) in Winterthur. Ab 1999 gingen die meisten Loks zum Personenverkehr. Die SLM gibt es seit 1998 nicht mehr. Und die letzten 460er wechselten 2004 zum Personenverkehr.

2001 zwischen Brunnen und Lugano eingeführt. Am 22. Dezember 2001 konnte der Tunnel erneut für LKWs freigegeben werden.

Ab 2020 aber könnte „RAlpin“, ein Transportunternehmen im begleiteten KLV, dank des durchgehenden 4-m-Korridors eine neue RoLa am Markt platzieren. Mit ihr würde in der Relation von Basel nach Lugano ein wertvoller Beitrag zur Verlagerung und somit zur Reduktion des alpenquerenden Straßen-Schwerlastverkehrs geleistet. Zuletzt wurden am Gotthard im Jahr 2017 nur mehr 9000 Fahrzeuge verladen.

Mittelfristig wird eine Verdoppelung des Beförderungsvolumens auf rund 200.000 Straßensendungen pro Jahr am Lötschberg und Gotthard angestrebt. Dazu bedarf es aber großer Anstrengungen und eines Ausbaus der Verladestellen beidseits der Berge. Die Anlage von Novara kann zwar noch erweitert werden, die in Freiburg im Breisgau »

Ein Wanderweg führt oberhalb von Gurtnellen und der hier unter Verbauungen versteckten, aber gut hörbaren Autobahn A 2 durch das Reusstal. Hier lassen sich die langen Frachtenzüge, wie der aus Duisburg kommende TEC 43075, in ihrer ganzen Länge, inklusive der Schiebelok, aufnehmen. Das Gebäude oben rechts ist die Schmelzmetall AG, siehe hierzu auch den Kasten auf Seite 57.

Nachdem die Züge auf der Intschireuss-Brücke die Talseite gewechselt haben, fahren sie bis Gurtnellen stets am Hang entlang, oberhalb der Reuss. Die Re 6/6 hat für die Bergfahrt mit den rund 1300 Tonnen schweren Sandzügen in Erstfeld eine Re 4/4 zur Verstärkung erhalten. In Vielfachsteuerung geht es nun in den Süden bis nach Bodio.

Der „Winner“, in den Fahrplänen als TEC 40051 geführt, verkehrte von Di. bis Sa. von Wuppertal nach Piacenza. Die Traktion besorgte DB-Cargo. Ab Erstfeld mussten noch zwei weitere 185er mithelfen, den schweren Züg über Gotthard und Ceneri zu bringen. Dank ordentlicher Verspätung gelang am 12. Mai 2016 ein Bild bei Gurtnellen.

An vielen Nachmittagen wurde bei Gurtnellen auf die Vorbeifahrt der Güterzüge gewartet, oft kamen bis zu vier zwischen den stündlich fahrenden IR und ICN vorbei. So auch der „Wetron“ aus Venlo mit der exotisch lackierten Re 4/4 320.

Frühling an der Unteren Meienreuss-Brücke (60 m). Der aus Antwerpen kommende TEC 40241 hat in Erstfeld noch eine Schiebelok erhalten. Tief eingeschneit zeigte sich der „Chli Windgällen" (2984 m) Anfang Mai 2016.

hingegen nicht mehr. Zudem kommen die bislang eingesetzten RoLa-Wagen ans Ende ihrer Lebensdauer. Um das zusätzliche Potenzial des 4-m-Korridors am Gotthard optimal nützen zu können, müssten in Süddeutschland und in Norditalien neue Terminals entstehen, die das Beladen der gewünscht langen Züge (740 m) mit 36 oder 37 LKWs erlauben.

Seit einigen Jahren gibt es das Projekt „RoLa 2020". So sollen Gliederzugwagen mit Jakobsdrehgestellen ein fast lückenloses Aneinanderreihen der LKWs ermöglichen.

Und man denkt sogar noch einen Schritt weiter: Mit einer entsprechenden elektrischen Ausrüstung will man während der Bahnfahrt auch die Batterien verladener Elektro-LKWs aufladen. Die angedachte Höchstgeschwindigkeit der neuen RoLa soll 120 km/h betragen. Die Investitionskosten für einen neuen RAlpin-Zug werden auf ungefähr 9,5 Mio. CHF geschätzt. Für die Entwicklung des Prototyps des Wagens und die Beschaffung steht RAlpin im Gespräch mit der ÖBB-Tochter Rail Cargo Group, die für die Brennerstrecke ebenfalls in Bälde neues Rollmaterial benötigt, da auch dort deutlich mehr Züge gefahren werden sollen.

Rollende Landstraße

Zunächst bot die Hupac den begleiteten kombinierten Verkehr (Rola) über den Gotthard an (Basel – Lugano). Dann kam die „RAlpin" ab dem 1. Januar 2011 zum Zuge. Da leider nur die reduzierte Eckhöhe von 380 cm für die Lastwagen angeboten werden konnte, wurde der Verkehr dünner. So endete das Angebot 2017. Sobald der 4-Meter-Korridor fertig ist, plant die RAlpin, neue Verkehre einzuführen.

Der Wagenladungsverkehr

Vergleicht man die Zahlen im WLV, beginnend mit den 1980er Jahren, so lässt sich zwar kein dramatischer Einbruch in der Tonnage feststellen, wohl aber beim prozentualen Anteil aller Güter, die durch die Alpen geschleppt wurden. Aufwand und Ertrag sind in diesem Segment schwieriger als beim KLV. Eine passende Strategie musste gefunden werden. Die europäischen Güterbahnen haben auf die gewachsenen Herausforderungen reagiert und sich zu einer Allianz formiert. Deren Gründung erfolgte am 18. Februar 2010 in Zürich unter dem Namen „Xrail". Die Allianz hat ein klar definiertes Ziel: Der internationale Wagenladungsverkehr auf der Schiene soll kundenfreundlicher und effizienter gestaltet werden. Die Unternehmen wollen die Wettbewerbsfähigkeit des Schienengüterverkehrs spürbar verbessern und damit einen aktiven Beitrag zur Entlastung der Straßen und der Umwelt leisten.

Ein nicht ganz einfaches Vorhaben, ist doch besonders der WLV ein hartes Geschäft. Einerseits haben viele Bahnen diesen aus Kostengründen zurückgefahren, Gleis- »

Ein sehr empfehlenswerter Wanderweg führt an der Gotthard-Nordrampe entlang. Dank der guten Busverbindungen kann der Ausflug an vielen Stellen gestartet oder beendet werden. Wer ab Wassen talwärts läuft, kommt an diesen beiden Fotostellen vorbei (oben/unten). Dort kann man herrliche Bilder machen. Früh am Morgen mit talwärts fahrenden Zügen (links mit der Häggrigerbach-Brücke) und am Nachmittag dann in der Gegenrichtung. Dabei lässt sich auch die Streckenführung rund um den Pfaffensprung-Kehrtunnel gut erkennen: Im Bild oben sieht man rechts unten die 32 m lange Häggrigerbach-Galerie, die der Autozug vor gut einer Minute passiert hat.

Auch das gab es über einige Jahre am Gotthard zu sehen: Der nachmittägliche Postzug aus dem Tessin wurde planmäßig mit drei aktiven Re 6/6 über die Bergstrecke geführt. Einst kamen hier die Ae 6/6 zum Einsatz.

Kraftwerk Wassen

Der Reichtum an Wasserkraft ist für den Kanton Uri von unschätzbarem Wert. Jährlich werden in den vierzehn Wasserkraftwerken rund 1,43 Milliarden Kilowattstunden Strom produziert. Das sind 2,5 % der schweizerischen Erzeugung. Davon entfallen 850 Millionen Kilowattstunden auf den Bahnstrom. Vom Ausgleichsbecken in Göschenen fließt das Wasser in einem Druckstollen zum Kraftwerk Wassen. Zusätzlich zu diesem Wasser werden der Rohrbach und die Meienreuss genutzt. Das Hochdruck-Laufwasserkraftwerk erzeugt im Durchschnitt 280 Millionen Kilowattstunden Strom. Im Vordergrund sieht man den Pfaffensprung-Stausee.

Rechte Seite oben: Nachdem die Baureihe185 von DB-Cargo mit dem ETCS Level 2 so ihre liebe Mühe hatte und in der Folge nicht mehr am Berg fahren durfte, versetzte man sie ins Mittelland, und so musste SBB-Cargo International die Zugpferde stellen. Das war beim „Winner" natürlich besonders fotogen, wie hier im bekannten Wattinger Bogen, der den ersten Schnee des Winters 2015/16 erlebte.

Rechte Seite unten: Das Wetter in den Bergen kann rasch wechseln. Nur bei einem kräftigen Hochdruckgebiet ist man in der Regel vor Überraschungen sicher. Wechselhafte Bedingungen haben aber auch ihren Reiz, wenn auch ein Teil der Züge dann nur abgeschattet beobachtet, nicht belichtet werden kann. Dank starkem Föhn riss der Himmel am 30. Oktober 2013 immer wieder kurz auf und ermöglichte das Foto eines gemischten Güterzuges, den zwei 185 der deutschen Güterbahn bergwärts ziehen. Dieser Blick auf die Untere Wattinger-Brücke ist so heute leider nicht mehr möglich.

Während des Basistunnelbaus rollten mindestens zwei Sand- und Kieszüge über den Gotthard. Dieser hier hat die dritte Ebene oberhalb von Wassen erreicht, die 620 088 führt den Zugverband an und zeigt sich als Werbelok für „Member of the Xrail Alliance". Dieser Zusammenschluss will den internationalen Wagenladungsverkehr stärken.

WINNER SPEDITION
cargo

Eine Szene wie auf der Modellbahn. Stützmauern und Hangsicherungen dienen sicherlich vielen Modellbauern als Vorbild. Der TEC 43013 aus Ludwigshafen wird gleich in den Mühlen-Tunnel bei Wassen einfahren.

Aus Dortmund kam der Papierzug 47021, den Captrain traktionierte. Hier auf der Mittleren Meienreuss-Brücke zu sehen. Ziel des Zuges: Modena.

Auch MRCE-Maschinen, im wenig fotogenen schwarzen Lack, waren am Gotthard heimisch. TX-Logistik hatte sie angemietet.

Die Untere Wattinger-Brücke mit dem Postzug aus Cadenazzo/Bellinzona. Friedlich grasen die Schafe das frische Grün des Frühlings ab.

anschlüsse, gerade abseits der Zentren, wurden geschlossen, das Aufkommen sank. Andererseits wird in den Aus- und Neubau großer Rangierbahnhöfe vor allem in Deutschland und der Schweiz investiert (Limmattal und Basel). Generell versteht man unter dem WLV Transporte von einzelnen Wagen oder Wagengruppen, die nicht das Niveau eines Ganzzuges erreichen. Obwohl viele Anschlüsse seit den 1990er Jahren gekappt wurden, sind immer noch mehr als 12.000 Bedienpunkte in Europa aktiv. Der WLV macht rund 25 % (in Tonnen-Kilometern) der gesamten europäischen Schienengütertransporte aus. Dabei sind ca. zwei Drittel des gesamten Wagenladungsverkehrs grenzüberschreitende Verkehre.

Gleichbleibende Abläufe

Der WLV setzt sich gemäß den immer gleichen Abläufen aus folgenden Teilschritten zusammen: Beladung der Einzelwagen oder Wagengruppen beim Absender, Überstellen zu Sammelpunkten und Bündelung unterschiedlicher Wagen und Wagengruppen zu einem Zug in Rangierbahnhöfen. Dann erfolgt die Reise zum Rangierbahnhof im Zielgebiet mit der anschließenden Feinverteilung in Unterzentren oder Anschlussgleise. Ein gutes Beispiel hierfür sind die gemischten Güterzüge von Mannheim Rbf nach Chiasso. In Ganz- oder gemischten Zügen kommen die Wagen in Mannheim an und werden dort, meist schon nach den einzelnen Wagengruppen (wie sie später zu den Endkunden gehen sollen), zusammengestellt. Via Basel geht es dann in die Schweiz. Vor der Inbetriebnahme des Basistunnels wurde in Erstfeld eine zweite Lok oder in seltenen Fällen, wenn das Zuggewicht über 1400 Tonnen lag, noch eine Schiebelok beigegeben. Die blieb dann bis Chiasso dabei. Heute reicht bis Bellinzona eine 185er aus. Dort wird dann für die Ceneri-Rampe ein Tandem gebildet. In Chiasso werden die meisten Züge rangiert, um den Kunden in Norditalien ihre Waren zuzustellen.

Neben dem ungeheuren Wettbewerbsdruck durch kostengünstige LKW-Transporte, »

Ein Bilderbuch-Wintertag war der 12. Februar 2012. Rund um Wassen lag reichlich Schnee, allerdings kletterten die Tageswerte schon wieder knapp über die Null-Grad-Marke, der Schnee wurde pappig. Ein Zug des Wagenladungsverkehrs ist von Chiasso kommend auf dem Weg nach Basel.

Vor etlichen Jahren ließ sich diese bizarre Winterwelt an der Oberen Meienreuss-Brücke bewundern und fotografisch festhalten. Der gemischte Güterzug wurde da fast zur Nebensache.

Das EVU Crossrail hat sich auf den KLV spezialisiert. Es fuhr z. B. für GTS, TTS, LKW Walter, Inter Ferry Boats oder Ewals Cargo Care auf der Nord-Süd-Achse via Gotthard und Lötschberg nach Italien. Hier ist der TEC 40051 oberhalb von Wassen zu sehen. Crossrail existiert heute nicht mehr. Die führende 185 600 fährt für HSL Logistik in Deutschland.

Der TEC 42027 aus Köln Eifeltor ist mit zwei Loks der SBB-Serie 474 bespannt. Die kamen auf der Bergstrecke eher selten zum Einsatz. Eben wird das Einfahrsignal zum Bahnhof Göschenen passiert. Hier findet sich noch ein Wärterhaus, das privat genützt wird. Der längste Teil des Zuges und die Schiebelok befinden sich noch im exakt 1570 m langen Naxberg-Tunnel.

Der Bahnhof Airolo. Der erste Schnee war in der Nacht auf den 12. November 2016 gefallen. Der gemischte Güterzug 45013 war auf der Fahrt von Mannheim Rbf nach Chiasso. Ab Erstfeld bekam die 185 noch eine Unterstützung in Form der 185 131. Da der Zug genau 121 Minuten Verspätung hatte, gelang die Aufnahme.

Neuschnee und bunte Lärchen, ein stahlblauer Himmel, das sind Zutaten für schöne Bilder. Ein Kesselwagenzug, auf dem Weg nach Chiasso, hat Airolo passiert.

Manchmal konnten sogar am Gotthard Güterzüge überschaubar lang sein. Nur ein Holzwagen hängt an dieser Re 10/10, die ihn nach Chiasso zu bringen hat. Auch der Stalvedro-Viadukt besteht aus einem Betonhauptbogen, der mit Natursteinen verkleidet wurde. Die Auflager sind noch im Ursprungszustand.

Dreimal pro Woche lief während der letzten Betriebsjahre der Bergstrecke ein Containerzugpaar über den Gotthard. So galt an den Nachmittagen eines Dienstags, Donnerstags und Samstags die Aufmerksamkeit dieser Fuhre. Auch weil der Zug von BLS-Cargo traktioniert wurde und oft mit den „Alpinisten" der Serie 485 bespannt war. Oftmals war der erste Wagen unbeladen, was wenig schön ausschaute und was ein Modellbahner niemals machen würde. Der Zug verband Rheinhausen mit dem (welch wohlklingender Name) Terminal Pomezia S. Palomba, unweit von Rom. Doch am Samstag, den 9. Juli 2016, passte am Stalvedro-Viadukt alles ideal zusammen und es erfreute der TEC 43002.

die bis zu 90 % der Ganzladungsverkehre ausmachen, erschweren auch fragwürdige Innovationen (Gigaliner), das Fantasieren vom autonomen Fahren, ein oft günstiger Dieselpreis und eine bescheidene Bemautung, gerade in Deutschland und auf der Brennerautobahn, die in keinster Weise die durch den Schwerverkehr entstehenden Schäden und Kosten abdeckt, eine bessere Position des WLV. Die Erhöhung des LKW-Gewichtslimits von 34 auf 40 Tonnen, die am 1. Januar 2005 auf den Transitrouten der Schweiz in Kraft trat, kostete sicherlich auch Tonnagen im WLV. Aber bahnintern ist genauso der Ganzzugverkehr und vor allem der KLV ein ernster Wettbewerber.

Generell leidet der Schienengüterverkehr durch die schleichende Priorisierung des Personenverkehrs. Das ist am Lötschberg so und könnte auch am Gotthard ein Thema werden. „Eine Gleichberechtigung von Personen- und Güterzügen ist unabdingbar", forderte deshalb jüngst Hans-Jörg Bertschi, VR-Präsident des gleichnamigen Chemie-Logistikers Bertschi AG, der auf die Schiene setzt. Hinzu kommt die begrenzte Verfügbarkeit der Infrastruktur durch zunehmende Bautätigkeiten. Die von der Europäischen Kommission kommunizierten Ziele, den

Winter in Airolo

In den letzten Jahren hat es Frau Holle mit den Tessiner Bergen besonders gut gemeint. Die gefallenen Schneemengen ließen selbst langjährige Rekorde purzeln. Was den Naturfreund glücklich stimmt, ist für die Verkehrswege eher hinderlich. Am 6. Februar 2014 lachte die Sonne, in der Nacht davor hatten die Schneefälle endlich aufgehört. Schienen und Bahnsteige waren stets von der weißen Pracht so gut wie möglich freizuhalten. Reichlich Arbeit für die Männer vom Bahnunterhalt. Während der TEC 41051 (oben) talwärts rollte, gab es im Bahnhof Airolo immer noch was zu tun.

Wagenladungsverkehr zu stärken, bleiben somit latent gefährdet. Zudem hat die Bündelung in Ganzzüge in den letzten Jahren zugenommen. Fabrikfrische Automobile, Stahl, Holz, Schrott oder Papier laufen fast nur noch in artreinen Zügen durch die Alpen. Selbst bei den Zügen des KLV ist das nicht sichtbare Ladegut oft ein Stahlprodukt. So verbergen sich unter den Planen der „Winner"-Auflieger und -Wechselpritschen Stahlträger oder Coils, die so ihren Weg aus dem Ruhrgebiet nach Norditalien nehmen.

Zunahme der Tonnagen

Werfen wir zunächst den Blick weit zurück, ins 18. Jahrhundert: Auf den Säumerwegen der Gotthardregion, zwischen Uri und der Leventina, wurden 4000 Tonnen transportiert. Rund 200 Kilo wog eine Saumlast, die die Pferde zu tragen hatten. Richtung Süden gingen Textilien, Wolle oder Käse, in der Gegenrichtung waren Wein, Getreide oder Gewürze die Hauptlast.

Springen wir nun ins Jahr 1984: Im alpenquerenden Güterverkehr insgesamt wurden in der Schweiz über 16 Mio. Netto-Tonnen Fracht registriert. Dabei entfielen auf den »

Immer gerne gesehen waren die Stahlzüge aus Emmenbrücke auch auf der Südrampe, hier zu sehen unweit von Ambri-Piotta. Dies lag natürlich auch an den Zugloks, den optimal zu den Wagen passenden Re 4/4 von BLS-Cargo.

Für die Bespannung des 542 m langen leeren Kesselwagenzuges 66585 mit einem Gewicht von 728 Tonnen hätte auch eine Re 6/6 ausgereicht. Vermutlich brauchte man aber für eine Rückleistung aus Chiasso eine Re 10/10.

Ehe es durch das Dazio Grande geht, wird Rodi-Fiesso in der Levantina passiert. Ein aus Mannheim kommender Zug des internationalen WLV spiegelt sich in einem Rückhaltebecken. Schon die schwächste Luftbewegung kann hier das Vorhaben verderben, Glück gehört zur Eisenbahnfotografie einfach dazu! In der Schneise im Wald oberhalb der Häuser sind die Druckleitungen und eine Standseilbahn, die zum Wasserkraftwerk Ritom, welches Bahnstrom liefert, zu erkennen.

Ein Blockzug, gebildet aus Shimms, beladen mit Blechcoils, hat den Dazio-Tunnel (354 m) passiert und wird gleich den kurzen Artoito-Tunnel (74 m) erreichen. Wie unterschiedlich sich die Jahreszeiten im Dazio Grande zeigen, erlaubt ein Vergleich mit dem Titelbild, das an fast gleicher Stelle aufgenommen wurde.

WLV 11,0, den KLV 3,3 und die Straße 2,4 Mio. Tonnen. Gehen wir nun ins Jahr 2000, da lesen sich die Zahlen wie folgt: WLV 8,8, KLV 10,1 und Straße 8,9 Mio. Tonnen. Der WLV konnte 1989 mit 12,4 Mio. Tonnen sein Allzeithoch verzeichnen. Im Jahr 2008 erreichte die Gesamtmenge zum ersten Mal fast die 40-Mio.-Tonnen-Marke. Der KLV glänzte dabei mit 17 Mio. Tonnen. Nach einem Einbruch im Jahr 2009 wurde dann 2016, dem Jahr, in dem die Gotthardbergstrecke die Hauptlast des Transitverkehrs zu tragen hatte, die 40-Mio.-Marke übersprungen. Im Einzelnen registrierte man folgende Werte: WLV 8,8, KLV 19,9. Und die Straße kam mit 12,0 Mio. Tonnen auf Rang zwei. Beim KLV hatte die RoLa bei allen Zahlen einen Anteil zwischen 5 % und 8 %.

Betrachten wir nur die Gotthardbahn: Im Jahr 2000 wurden hier insgesamt 16,8 Mio. Tonnen transportiert: WLV 6,9, KLV 8,9 und RoLa 1,0 Mio. Tonnen. Im Jahr 2008 lauteten die entsprechenden Zahlen: 15,8/5,5/10,2/0,3 Mio. Tonnen. Und schließlich der Blick auf das Jahr 2016: 15,4/6,3/8,9/0,2 Mio. Tonnen. In jenem Jahr konnte der Simplon dem Gotthard mit 9,2 Mio. Tonnen beim KLV den Rang ablaufen. Das lag zum einen an der Verfügbarkeit des 4-m-Korridors via Lötschberg, da das Segment der Auflieger mit P-400-Profil zugenommen hatte, zum anderen an Bautätigkeiten auf der Gotthardroute.

Blick auf die Nachbarländer

Dass die Schweiz in Sachen Verlagerung deutlich besser unterwegs ist und somit auch einen wesentlichen Beitrag zur Luftreinhaltung leistet, wird an folgenden Vergleichszahlen für 2016 deutlich. In Frankreich ist die Straße eindeutig an der Spitze, hier rollten 85,1 % der Güter über den Asphalt. In Österreich war die Lage kaum besser: 72,1 % betrug der Straßenanteil. In der Schweiz hingegen hatte die Schiene mit 71,0 % die Nase deutlich vorne. Die Gesamtmenge in den drei Ländern belief sich auf 111,1 Mio. Tonnen Güter. In den nächsten Jahren wird die Transportmenge gemäß allen Prognosen steigen. Freilich spielen gesamtwirtschaftliche Entwicklungen hier eine Rolle. Da die Schweiz vorwiegend EU-Güter durch ihre Alpen schleust, wird es stark von den Entwicklungen in Deutschland und vor allem Italien abhängen. Der Güter-Binnenverkehr innerhalb der Schweiz ist im Alpenbogen weniger bedeutend. Erfreulicherweise legen aber vor allem die Großverteiler wie Migros oder Coop immer mehr Wert auf einen Bahntransport. Auch die Post hat zahlreiche Züge täglich im Einsatz.

Das neue ETCS Level 2

Für den Betrieb auf der neuen Gotthardachse musste auch die Sicherungs- und Leittechnik komplett neu installiert werden. »

Gleich drei, sogar recht saubere 185 von Crossrail waren vor dem TEC 40052 auf der Bergfahrt. Eben haben sie mit dem aus Piacenza kommenden 532 m langen und 1218 Tonnen schweren Zug den Polmengo-Tunnel verlassen und den sehr fotogenen, 103 m langen Polmengo-Viadukt erreicht.

Die historisch bedeutsamen sakralen Bauten in Giornico werden wohl nur sehr wenige der angereisten Eisenbahnfreunde auch mal von Innen gesehen haben. Um die Kirchen San Nicolao (links) und San Michele mit ihrem schönen, erst 1861 erbauten Campanile besser ins Bild zu nehmen, bediente sich Dietmar Beckmann eines Hochstatives.

Auch wenn man auf dem liberalisierten Gütermarkt mit harten Bandagen kämpft, war man sich bei SBB-Cargo nicht zu schade, dem fremden EVU TX-Logistik Hilfestellung in Form einer Vorspannlok zu geben. Für gewisse Zeit kamen dabei auch tandemfähige Re 484 zum Einsatz. Wenn auf der Gegenseite eine 189 vorhanden war, machte das Sinn (Foto auf Seite 4). Da italientaugliche Re 484 aber im Tessin für die Fahrten nach Gallarate dringlich gebraucht wurden, kamen Re 4/4 oder Re 6/6 zum Einsatz. Natürlich mussten solche Dienstleistungen bezahlt werden. Die Aufnahme entstand am Polmengo-Viadukt.

Die Kieszüge ins Tessin fahren sogar nach der Eröffnung des Basistunnels über die Bergstrecke, da der aufwirbelnde Staub der Ladung dem Tunnel nicht schmeckt. Diese Aufnahme vom 10. April 2014 entstand unterhalb von Lavorgo mit der führenden 11663 und dem 67767 aus Hüntwangen. Der mächtige 2662 m hohe Piz Pécian ist um diese Jahreszeit noch teilweise schneebedeckt.

ETCS Level 2 bildet die technische Voraussetzung für den Einsatz von sechs Güter- und zwei Personenzügen pro Stunde und Richtung. Die Neuausrichtung betrifft nicht nur die Infrastruktur, sondern auch die Triebfahrzeuge, die hier unterwegs sind. Nachrüsten war also erforderlich. Dies gelang nicht bei allen Maschinen auf Anhieb.

In der Nacht vom 15. auf den 16. August 2015 wurde die Zubringerstrecke zum GBT zwischen Brunnen und Erstfeld auf ETCS Level 2 umgestellt. Das bedeutet, dass auf diesem Teilstück die Signalisierung direkt auf dem Display des Lokführers und nicht mehr mit Signalen am Gleis erfolgt. Deshalb können nur noch (Spitzen-)Triebfahrzeuge mit entsprechender Ausrüstung die Zubringerlinie zur Bergstrecke und den GBT befahren. Die Baureihe 185 von DB-Cargo hatte zum betreffenden Zeitpunkt keine entsprechende Zulassung. So kamen die Loks in das Mittelland und Re 6/6 der SBB rückten an den Gotthard. Was war das für eine Freude, den „Winner" mit Re 10/10 fotografieren zu können (siehe Titelbild). Auch alle Züge des WLV von und nach Mannheim wurden mit SBB-Maschinen traktioniert. Im Lauf des Jahres 2016 kamen die 185er an den Gotthard zurück, wo sie bis heute fahren. Der Vectron wird sie ablösen. Der Wandel geht weiter. ■

Mit entsprechend dekorierten BLS-465 rollten Lebensmittelzüge („RailCare") über den Berg, hier bei Biasca. Das EVU gehört seit 2010 dem Großverteiler Coop. Die Züge kamen aus Stabio (bei Chiasso) und fuhren nach Oensingen.

Links im Bild ist noch der Pianotondo-Viadukt zu sehen, den der gemischte Güterzug von Basel nach Chiasso vor einer knappen Minute befahren hat. In Sägezahnfahrt geht es hier auf der mittleren Stufe der Biaschina talwärts.

460-Tandems, vor allem wenn sie nicht vor einem bunten KLV hingen, sondern einen langen Stahlzug zogen (Modellbahner werden die Farbgebung des Ladegutes studieren), erfreuten besonders. Das Augenmerk galt aber vor allem der einzigartigen Linienführung in der Biaschina auf drei Ebenen. Einfach grandios! Eine Karte dazu findet sich auf der Seite 43.

Erfüllter Traum:
Bergfahrt mit Krokodil

Wer einmal ein „Krokodil" bei der Arbeit beobachten konnte, wurde unweigerlich in den Bann dieser einzigartigen Lok gezogen. Einmal am Führerstand einer solchen Maschine stehen zu dürfen, war frommes Wunschdenken. Von Klaus Eckert

Gotthard und Krokodil, das gehört einfach zusammen. Wer als Spätgeborener mit der Dampfeisenbahn nie so richtig in Berührung kam, wird auch im weiteren Leben dieser Traktionsart nicht allzu viel abgewinnen können. Im Allgäu war es die V 200, die den jungen Buben begeisterte. Später kam die E94 dazu und auch die Reihe 1020, wie erstere bei unseren Nachbarn in Österreich genannt wird. Vor allem die 1020 fasziniert mich bis zum heutigen Tag, was auch mein Engagement in Sachen 1020 018 erklärt. Im Lauf der Jahre gelang es, auf diesen Sechsachsern ein wenig praktische Erfahrung zu sammeln: bei Führerstandsmitfahrten und beim Betätigen des Handrades für die Fahrstufen. Das sollte sich noch in ganz anderer, völlig unerwarteter Weise nützlich zeigen, denn ein Traum wurde Wirklichkeit: einmal das Erstfelder Krokodil eine Etappe am Gotthard selber fahren. Ein Ansinnen, das von den SBB-Verantwortlichen heute mit aller Schärfe abgewiesen worden wäre. Im schneereichen Februar 1999 hingegen passierte es aber tatsächlich. Die 14253 stand mit einem Fotozug im Bahnhof Erstfeld bereit. Nach ruhigen Verhandlungen mit den SBB wurde ein Termin für eine Fotofahrt gefunden. Zusammen mit dem Fotokollegen Maurizio Tolini konnten auch die finanziellen Forderungen gestemmt werden. Mein geheimes Ansinnen, diese Fahrt nicht nur für Fotos zu nützen, tat ich erst später, nach der Abfahrt, »

In Erstfeld wurde der stattliche Fotogüterzug bereitgestellt, und ehe es losging, gab es schon eine erste Fotogelegenheit. Weitere schlossen sich an. Der Höhepunkt aber war für mich, das braune Ungetüm selbst zu fahren (Foto: Maurizio Tolini). Bei strenger Beaufsichtigung durch den Erstfelder Lehrlokführer blieb ich unter den vorgegebenen 65 km/h. Im Wattinger Bogen entstand eine dynamische Aufnahme auf der Fahrt nach Göschenen (unten).

vorsichtig kund. Das sei ausgeschlossen, meinte der Lokführer aus Erstfeld mit deutlichem Ton. Nach einem planmäßigen Halt, den zwei Schnellzüge für eine Überholung nutzten, trat der Meister schmunzelnd zur Seite und meinte: „Willst Du immer noch fahren?" Meine Antwort war eindeutig. „Weißt Du, wie sie geht?" Ich erzählte von meinen Fahrten auf der 1020, was den erfahrenen Lehrlokführer zu überzeugen schien. „Langsam lösen und nicht schneller als 65!", befahl er nun. Vorsichtig gingen nach dem Lösen der Bemsen die Hände ans Stufenrad. Die erste Drehung. Ein heftiges Rütteln ging durch den Koloss, er setzte sich tatsächlich geräuschvoll in Bewegung. Langsam ging es über die Weiche, dann vorsichtig schneller, aber nie mehr als 65 km/h. Mit der Last hatte die Maschine keine Mühe. Und so kletterten wir weiter bergwärts. Die Sonne und die Winterlandschaft machten den Blick über die Vorbauten noch aufregender. Leider verging die Zeit viel zu schnell und beim nächsten Halt war der Meister wieder dran. Ein Traum, der wahr geworden war. Bis heute freue ich mich immer, diese Maschine live zu erleben. Jüngst im Mai 2019, als Märklin eine Clubreise in die Gotthardregion unternahm, da war sie natürlich dabei. Hier noch einige Daten aus ihrer Vita: Mit der Seriennummer Ce 6/8 II 14253 als „schwere Gebirgs-Güterzuglok" konzipiert, war sie nach ihrer Fertigstellung 1919 zunächst auf der Strecke Bern – Spiez unterwegs, bevor sie 1920 für vier Jahre ins Erstfelder Depot umzog und am Gotthard arbeitete. Dann ging es nach Basel und Zürich. In den 1940er Jahren erhielt sie einen stärkeren Motor und wurde in Be 6/8 13253 umbenannt. Ab 1943 war sie in Erstfeld zu Hause, wo sie seit 1976 als historische Lok unter ihrer ursprünglichen Bezeichnung Ce 6/8 14253 geführt und liebevoll gepflegt wird. ■

Im Winter ist der Bereich rund um die Obere Meienreuss-Brücke eine bizarre Welt aus Eis und Schnee. Hier wurde ein Fotohalt eingelegt, der in enger Absprache mit der Leitstelle in Luzern in einem bestimmten Zeitfenster erfolgen musste. Auf der Rückfahrt waren die Mittlere Meienreuss-Brücke (unten) und der Wattinger Bogen (links) Fotopunkte.

Historische Züge: Tierisch gut

Sonderzüge sind das Salz in der Suppe am Gotthard. Viele hofften, dass es ab 2016 noch mehr davon geben würde. Aber die Fahrten, die bislang stattfanden, sorgten stets für Gänsehaut-Momente. Von Ilona Eckert

Es kam, wie es fast immer kommt: Nach bestem Wetter nähert sich ein Tiefausläufer den Alpen. Oft entwickelt sich davor noch eine schwache Föhnlage. Von strahlendem Sonnenschein also keine Rede. Und just an einem solchen Tag sollten zwei „Elefanten" mit einem Extrazug die Gotthardrampen In Angriff nehmen. So etwas gab es schon lange nicht mehr. Zum Glück lugte im richtigen Moment die Sonne hervor.

Die Dampfzüge von SBB-Historic sind immer ein einzigartiges Erlebnis, egal ob man im Zug mitreist oder die Vorbeifahrt eines solchen beobachtet. Letzteres war wieder einmal der Fall, als Filmaufnahmen zum Thema „100 Jahre Elefant" zu machen waren. Denn SBB-Historic gedachte, anlässlich des 100-jährigen Jubiläums der C5/6 2978 einen Sonderzug mit zwei „Elefanten" über die Gotthard-Bergstrecke zu schicken. Die SBB hatten diesen Dampfloktyp ab 1913 beschafft, um

Der TEE RAe II, mustergültig aufgearbeitet, kam immer wieder zu Extrafahrten auf die Bergstrecke. Das fehlende ETCS 2 schränkt den Bewegungsdrang des Zuges leider ein. Ob es wohl nachgerüstet wird?

Links oben: Die „Elefanten" C 5/6 2978 und C 5/6 2969 legen sich vor Wassen ins Zeug. Gleich wird der Zug den Mühle-Tunnel erreichen (21. Oktober 2017). Mitte: Lokführer und Heizer beim Halt in Göschenen. Unten: Hier geht der Blick von der Sustenstraße auf die Mittlere Meienreuss-Brücke (21. Oktober 2017). Fotos (3): Ilona Eckert

einen wirtschaftlicheren Betrieb am Gotthard und auf den Zufahrtslinien zu ermöglichen. Die C 5/6 waren mit 1620 PS Leistung zugkräftiger als die bisher dort verkehrenden C 4/5 und auch im Schnellzugverkehr einsetzbar, da sie über die geforderte Höchstgeschwindigkeit von 65 km/h verfügten.

Als Termin stand das Wochenende 21./22. Oktober 2017 fest. Schon viele Wochen vorher hatten wir unser Quartier im Hotel Gerig in Wassen reserviert, nicht zu früh, denn das Haus war schon fast ausgebucht. Viele bekannte Gesichter hatten sich ebenfalls im Hotel eingefunden, so auch eine muntere Truppe von Bahnfreunden aus den Niederlanden. Die abendliche Unterhaltung am Freitag-Abend vor dem Event drehte sich nur um das eine Thema: Dampf am Gotthard! Wo steht Ihr, wie macht Ihr die Aufnahmen? Wie wird das Wetter? Am nächsten Morgen hieß es erstmal gemütlich frühstücken, die beiden »

Es gibt Tage, an denen will die Sonne den Eisenbahnfreunden, die schöne Bilder machen wollen, einfach nicht als Lichtquelle dienen. Umso mehr Freude macht dann eine Aufhellung, vor allem wenn noch ein Regenbogen die Landschaft verzaubert und das Bild mit der C 5/6 2978 bei der Fahrt durch Wassen schmückt. Foto: Steffen Tröndle

Schon vor Eröffnung des Basistunnels verkehrte der Nostalgie-Orient-Express auf der Fahrt nach Venedig über die Gotthard-Route. Gerade noch in der Sonne war der Polmengo-Viadukt am 31. Oktober 2016. Auch im Jahr 2020 fährt der Zug von März bis Oktober.

Elefanten sollten sich am späten Vormittag in Bewegung setzen. Also ging es nach Erstfeld.

Die C5/6 2978 (SBB-Historic, Baujahr 1917) und 2969 (Eurovapor, Baujahr 1916) schmauchelten noch gemütlich vor sich hin, hinter ihnen hing ein Zehn-Wagen-Zug inklusive zweier Speisewagen. Das Wagenmaterial stammte zumeist aus den 1930er und 50er Jahren. Einige Fahrgäste hatten sich in stilechte Gewänder gehüllt, um die Atmosphäre einer längst vergangenen Epoche der Reisekultur nachempfinden zu können. Nun war es an der Zeit, sich an die Strecke zu begeben, an einen Punkt, der es erlauben würde, die Vorbeifahrt des Zuges mit der Filmkamera möglichst lange festhalten zu können.

Kaum waren die Kameras bereit, war schon das Stampfen der Loks unten im Tal zu hören. Die beiden Elefanten legten sich offenkundig ins Zeug. Sie zogen mit dunkelgrauen Rauchwolken, die aus ihren Schornsteinen quollen, und wirbelnden Gestängen vorbei. Fröhlich blickten die Fahrgäste aus den Fenstern: Faszination Dampflokomotive! Tierisch gut, dieser Auftritt der beiden Elefanten. Viel Qualm und Lärm, dann war das Spektakel vorüber. Rauchschwaden und die glücklichen Gesichter der Fotografen erinnerten noch eine Weile an das außergewöhnliche Erlebnis. ■

Zurücklehnen und genießen, so lautet das Motto. Der „Salonzug" ist aus ehemaligen IC-Speisewagen der DB entstanden. Diese wurden mit großem Aufwand erneuert. Drehgestelle und Klimaanlage blieben erhalten. Die Sitzpolster wurden in einer Weberei in Schottland hergestellt, die auch für den Orient-Express den Stoff gewoben hatte. Die Lampen wurden originalgetreu nach Mustern aus dem früheren Orient-Express gegossen. Die legendäre BLS-Ae 6/8 208 führt diesen Zug unweit von Ambri-Piotta nach Chiasso (10. Mai 2015).

100 Jahre Krokodil – eine nostalgische Zeitreise

Die Erstfelder Ce 6/8 II 14253 feiert 2019 ihren 100. Geburtstag. Anlass genug, dieses Jubiläum mit einer Extrafahrt würdig zu begehen. So wurde am 19. Oktober 2019 eine Gotthardreise angeboten. Damit das Geburtstagskind nicht allein feiern musste, reisten noch zwei jüngere Schwestern an, und zwar die Be 6/8 III 13302 und die Be 6/8 III 14305 von SBB-Historic. Der Zug bestand aus historischen Wagen, er fuhr von Erstfeld nach Bellinzona und zurück, mit obligatorischer ETCS-Vorspannlok zwischen Bodio und Bellinzona. Leider war bei dieser spektakulären Fahrt der Wettergott ungnädig gestimmt, vor allem im Süden gab es Dauerregen. Foto: Steffen Tröndle

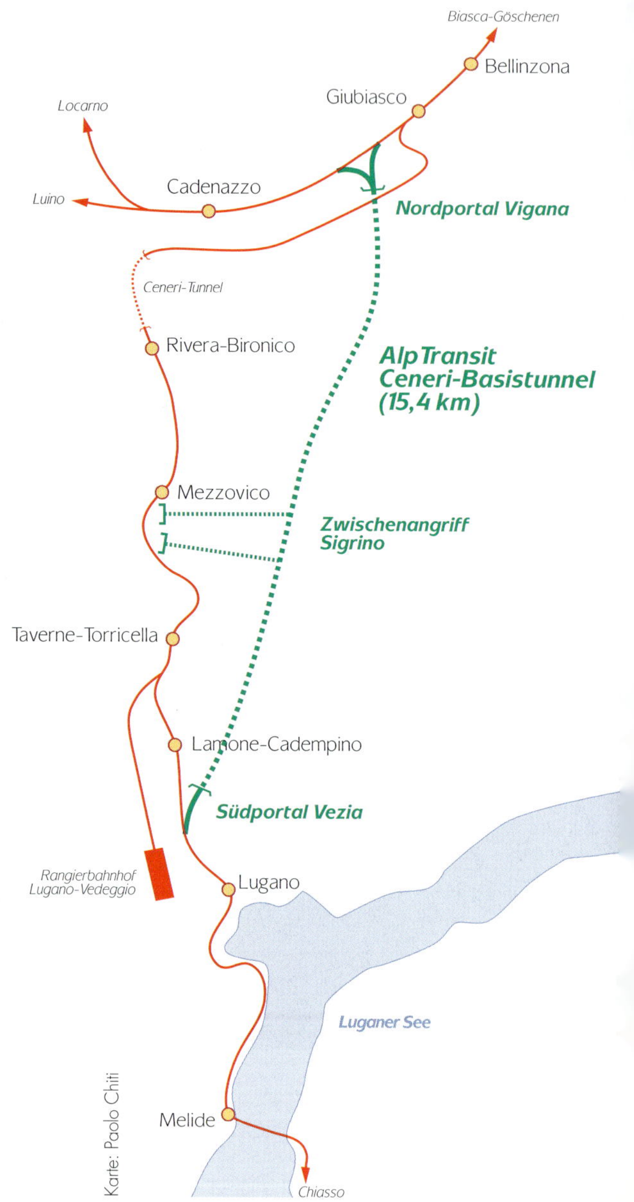

In einem weiten Bogen gewinnt die Strecke oberhalb von Giubiasco an Höhe.
Rechte Seite oben: Aus Karlsruhe Hafen kam der Schrottzug 47055. Das zweite Streckengleis war erst 1946 komplett befahrbar, es verläuft teilweise auf getrennter Trasse (Mai 2019).
Rechte Seite unten: ETR 470 auf der Fahrt nach Milano Centrale, aufgenommen am Luganer See.

Unbekannte im Süden: Ceneri-Rampe

Nach Bellinzona geht es wieder steil bergan, Schiebedienste sind – noch – an der Tagesordnung. Doch 2020 wird der Ceneri-Basistunnel eröffnet. Von Klaus Eckert

Der Reise in den Süden stellt sich mit dem Ceneri hinter Bellinzona eine weitere Hürde in den Weg. Auch hier finden sich etliche schöne Orte für den Fotografen. Doch nicht mehr lange, denn 2020 wird der Basistunnel die bis zu 26 Promille steilen Rampen ersetzen. Nicht nur für den Güterverkehr bringt der Tunnel viele Vorteile, wie den Wegfall zusätzlicher Triebfahrzeuge. Auch Passagiere profitieren: Das Tessin wird eine S-Bahn bekommen, welche die Fahrzeit von Lugano nach Locarno halbiert. Aber auch Transitreisende werden, wenn sie beeilt unterwegs sein wollen, die kürzere Reisezeit zu schätzen wissen. Von Zürich nach Mailand soll sich diese ab Dezember 2020 von 3,5 auf drei Stunden verkürzen. Man erhofft sich nach der Eröffnung des Tunnels eine Steigerung der Fahrgastzahlen um 20 Prozent. Auf der Nord-Süd-Achse dürften dann 1,2 Millionen Passagiere jährlich im Zug unterwegs sein. Und die Neue Eisenbahn-Alpentransversale (NEAT) ist dann vollendet. ■

Ceneri-Basistunnel im Zeitplan

Am 4. September 2020 wird der Ceneri-Basistunnel eröffnet. Ganz so pompös wie am Gotthard wird die Feier nicht ausfallen, obwohl dann Geschichtsträchtiges vollendet sein wird: die Neue Eisenbahn-Alpentransversale (NEAT), eine Flachbahn, die es ermöglicht, mehr Fracht und Reisende per Schiene von Nord nach Süd zu bringen. Die Arbeiten sind voll im Plan, die Fahrleitung ist montiert.

Foto: Alptransit

Am Lago Maggiore: Sehr beschaulich

Von Bellinzona über Cadenazzo führt die Strecke ab San Nazzaro stets am Lago Maggiore entlang. Die Strecke ist eingleisig und wird von zahlreichen internationalen KLV-Zügen befahren. Von Klaus Eckert

Die erste Frühlingsreise im Jahr führte mich meist in die Gotthardregion. Dabei ging es nicht an die wunderbare Bergstrecke, sondern in die ab März schon mit sehr mildem Wetter lockende Region am Lago Maggiore. Hier galt die Aufmerksamkeit auch den langen Güterzügen, die bis heute tagtäglich, selbst an Sonntagen, unterwegs sind. Die Strecke zu entdecken, bedarf einiger Spaziergänge, auch durch unwegsames Gelände wie bei Pino-Tronzano. Leichter war es bei San Nazzaro, der schöne Campanile des örtlichen Gotteshauses bot sich bald zusammen mit der eingleisigen Strecke als Motiv an. Es gab aber noch weitere Fotostellen zu entdecken, vor allem im italienischen Teil. Die Grenze liegt bei Ranzo-Sant' Abbondio. Man erkannte dies früher an den einfachen Masten der

Fahrleitung italienischer Herkunft. Heute stehen hier moderne Anlagen. Und auch Lärmschutzwände, die so manche liebgewonnene Fotostelle verändert haben. Den Anwohnern, viele haben hier ihr Feriendomizil, sei die Ruhe gegönnt. Doch die Flotte der Hupac-Wagen wurde längst schon komplett auf „Flüsterbremsen" umgerüstet und ist leise.

Die Strecke ist bis zum Grenzbahnhof Luino mit der für Wechselstrommaschinen verträglichen Energie gespeist. Ein Lokwechsel wurde meist hier durchgeführt. Die braunen E636 und E645 kamen hier noch Anfang der 2000er Jahre zum Einsatz, dann die E633 und E652, sehr leistungsstarke Lokomotiven. Die üblichen Ungereimtheiten in Sachen Zuverlässigkeit erfreuten aber weder Kunden noch Bahnverwaltungen. So kamen alsbald Mehrsystemloks der SBB in Form der Re 484 zum Einsatz. Der Lokwechsel erfolgte nun in Bellinzona San Paolo. Nach kurzem Aufenthalt ging es dann in Luino zügig zu den Zielen in Norditalien, meist zum Hupac-Terminal in Busto Arsizio-Gallarate. Mit dem Erscheinen des Siemens-Sprösslings Vectron mit MS-Paket an Bord laufen die Zugpferde mittlerweile durch. Aber auch die Re 474 von SBB-Cargo-International verkehren zum Beispiel von Köln via Basel und Gotthard-Basistunnel bis nach Gallarate.

Da die Neigung der Strecke nur maximal zehn Promille beträgt, reicht eine Maschine zur Traktion gut aus. Vor der Eröffnung des Basistunnels und der Verwendung der Re 484 kamen auch die Re 10/10 angerollt.

Die Strecke wurde am 4. Dezember 1882 von der ehemaligen Gotthardbahn-Gesellschaft eröffnet und sollte dem Frachtenverkehr dienen, vor allem in Richtung Genua. Sehr lange fuhren hier noch Dampflokomoti- »

Auch TX-Logistik schickte ein Zugpaar via Luino zum Hupac-Terminal. Dabei kam der Taurus, mit Schweizpaket ausgerüstet, auch auf diese Strecke. Ein beliebter Fotopunkt ist bis heute die Brücke gleich beim Bahnhof Maccagno. Allerdings ist erhöhte Wachsamkeit gefordert, will man den Auslöser, hier noch der der guten alten Mittelformatkamera Pentax 67, im gewünschten Moment betätigen. Der Grund hierfür ist ersichtlich.

Linke Seite: Maccagno ist ein netter Ort, der auch über einen Bahnhof verfügt, hier finden planmäßig Kreuzungen statt. Leider ist dieser Aussichtsplatz seit einigen Jahren zugewachsen, wie viele Stellen an dieser Strecke.

Vor wenigen Augenblicken hat der Triebzug die Grenze Schweiz – Italien passiert. Der TILO verkehrt hier in der Regel im Zweistundentakt, mit Verdichtungen. Vor allem am Mittwoch wird auch verstärkt gefahren, denn dann ist Markttag in Luino, was stets viele Leute anlockt.

cargo
www.sbbcargo.com
E 484.013 SR
RINNEN

Mit einem leicht verspäteten KLV aus Singen kam ein Vectron von SBB-Cargo International durch Magadino-Vira (14. Mai 2019). 20 weitere Loks sind bestellt, sie erhalten ein neues Design.

von der SBB. Der elektrische Betrieb mit Einphasenwechselstrom von 15 kV/16,67 Hz wurde am 11. Juni 1960 aufgenommen. Die Zuständigkeit der grenzüberschreitenden Linie ist klar definiert. Sie wird von den SBB und der italienischen RFI gemeinsam betrieben. Die Infrastruktur gehört auf schweizerischem Boden den SBB, auf italienischem der RFI. Entsprechend ist auch der Unterhalt geregelt. Der Fahrbetrieb der Strecke obliegt bis Luino den SBB. Nächtigen und Verpflegen sollte man sich in Italien, des sehr ordentlichen Preis-Leistungsverhältnisses wegen. Die Eisenbahner in Luino waren Lichtbildnern gegenüber stets aufgeschlossen, wenngleich die Kommunikation wegen meines sehr rudimentären Italienisch nicht immer einfach, dafür aber erheiternd gewesen sein muss. Selbst an Ostern fuhren ja einige wenige Züge, da waren Infos willkommen. Doch einmal herrschte sonntags Ruhe im Bahnhof. Gleich drei Güterzüge standen bespannt, aber mit abgebügelten Loks, darunter eine E636, in den Ausfahrgleisen. Niemand war zu sehen. Also dachte ich, eine gute Gelegenheit, in der schön eingerichteten Bar einen Espresso zu trinken. Und siehe da: Hier waren sie alle, auch der Fahrdienstleiter. Boliden sausten über den Fernseh-Bildschirm, Formel 1 war angesagt, da musste der Güterverkehr freilich warten.

Linke Seite: Eine typische Wetterlage bescherte dem Lago Maggiore Sonnenschein, während ab Bellinzona ein dickes Wolkengrau dominierte. Ursächlich hierfür ist der Nordwind, der für einen klaren Himmel sorgt. Die E 484 013 war ab Bellinzona vor dem KLV-Zug. Dieser hat hier eben Pino-Tronzano passiert.

Auch die Re 460 kam regelmäßig nach Luino, das gleich erreicht sein wird. Die bis vor den Toren der Stadt geparkten Autos verraten es: Es muss ein Mittwoch sein, Markttag in Luino und großer Andrang.

Die beiden Portale des Basistunnels bei Rynächt. Ab Dezember 2019 wird der „Giruno" planmäßig zum Einsatz kommen. Foto: © SBB

Gotthard-Basistunnel: Jahrhundertbauwerk

Seit Dezember 2016 ist der Basistunnel im Vollbetrieb. Hat er die hohen Erwartungen erfüllen können? Und ein neuer Zug ist auch bereits im Anrollen. Von Klaus Eckert

Unterwegs im Gotthard-Basistunnel: Ein ETR 610 durcheilt die Röhre mit gut 200 km/h. Foto: © SBB

Die Zahlen sprechen eine deutliche Sprache: In den ersten 1000 Tagen, also bis zum 8. September 2019, sind 130.000 Züge durch den Gotthard-Basistunnel (GBT) gefahren. Im Schnitt knapp 1000 in der Woche. Eine kleine Feier gab es anlässlich des 100.000sten Zuges, eines KLV-Zuges von SBB-Cargo International, unterwegs für den Kunden Hupac. An einem Werktag verkehren zwischen 130 und 160 Züge im GBT, davon rund zwei Drittel Güter- und ein Drittel Reisezüge des nationalen und internationalen Personenverkehrs.

Der Betrieb des GBT verläuft planmäßig, stabil und vor allem sicher. Seit der Inbetriebnahme im Dezember 2016 konnten, bis auf wenige Fälle, alle Züge ordnungsgemäß geführt werden. Nur selten kam es zu Störungen bei den Fahrzeugen oder den Anlagen im Tunnel, sodass Umleitungen über die Bergstrecke erfolgten. Lediglich in Einzelfällen mussten Züge aus dem Tunnel abgeschleppt werden, beim Personenverkehr nur ein einziges Mal. Die Sicherheit war für die Reisenden jederzeit gewährleistet. Die Betriebs- und Interventionsprozesse funktionierten dabei sehr zuverlässig.

Am 3. März 2019 gab es Grund zur Freude: Der100.000ste Zug hatte den Basistunnel durchfahren. Beim Südportal fand eine kleine Feier statt. Fotos: © SBB

Danya Sauter fuhr den 100.000sten Zug durch den Gotthard-Basistunnel. Sie nimmt die Glückwünsche von Ruedi Büchi, Leiter SBB-Betrieb, entgegen.

Im Jahr 2018 fuhren an Spitzentagen bis zu 120 Güterzüge durch den GBT. Davon entfielen knapp 83 % auf SBB-Cargo und SBB-Cargo International. Nach der halbjährigen Sperre der Luino-Strecke aufgrund von Ausbauarbeiten in 2017 und dem Streckenunterbruch in Rastatt hatte sich der Güterverkehr in 2018 wieder deutlich erholt.

Die Nachfrage ist steigend. Zurzeit sind sechs EVU auf der Gotthardachse unterwegs. Sie bewerten den Betrieb des GBT als gut, auch weil die Abläufe und die vereinbarten Trassenzeiten für den GBT und die Transitstrecken in der Schweiz eingehalten werden können. Bezüglich der gesamten (grenzüberschreitenden) Transportzeiten, sowohl in Richtung Italien als auch Deutschland, sind dagegen weitere Optimierungen nötig.

Besuch auf der Baustelle

Nach langer Vorarbeit erhielten wir eine Dreherlaubnis im Gotthard-Basistunnel. Gut acht Kilometer tief im Berg gab es für Klaus Eckert (rechts) Informationen im Leitstand der Tunnelbohrmaschine, die auf der Südseite aufgefahren wurde. Trotz der Klimageräte war es gut warm. Foto: Andreas Stirl

Giruno „San Gottardo“

Christian Vitta (Regierungsratspräsident Tessin), Urban Camenzind (Regierungsrat und Landesstatthalter Kanton Uri), Toni Häne (Leiter SBB-Personenverkehr), Roberta Cattaneo (Regionenleiterin Süd bei den SBB), Mario Cavigelli (Regierungsrat Kanton Graubünden) bei der Taufe des Zuges (v. l. n. r.). Foto: © SBB

Neuer Schienenstar am Start

Die neue „Giruno"-Flotte aus dem Hause Stadler besteht aus 29 Fahrzeugen. Seit August fahren erste Züge auf der Gotthardachse. Der planmäßige Einsatz erfolgt ab dem Fahrplanwechsel am 15. Dezember 2019 von Basel und Zürich aus nach Lugano und Chiasso. Ab Frühjahr 2020 soll es dann weiter bis Milano Centrale gehen. Der neue Schienenstar bietet in Doppeltraktion insgesamt 810 Sitzplätze. Außerdem verfügt er über Steckdosen an allen Sitzplätzen, Multifunktions- und Fahrradabteile, große Gepäckablagen und ein modernes Beleuchtungskonzept mit energiesparenden LED-Lampen.

Drei der Giruno-Züge wurden inzwischen auf die Namen „San Gottardo", „Sempione" und „Monte Ceneri" getauft, die restlichen 26 Kompositionen werden nach den Schweizer Kantonen benannt.

Bereits am 8. August 2019 konnte der erste Giruno auf den Namen „San Gottardo" getauft werden. ■

So erlebt der Triebfahrzeugführer auf dem Giruno die Fahrt durch den Basistunnel. Foto: © SBB

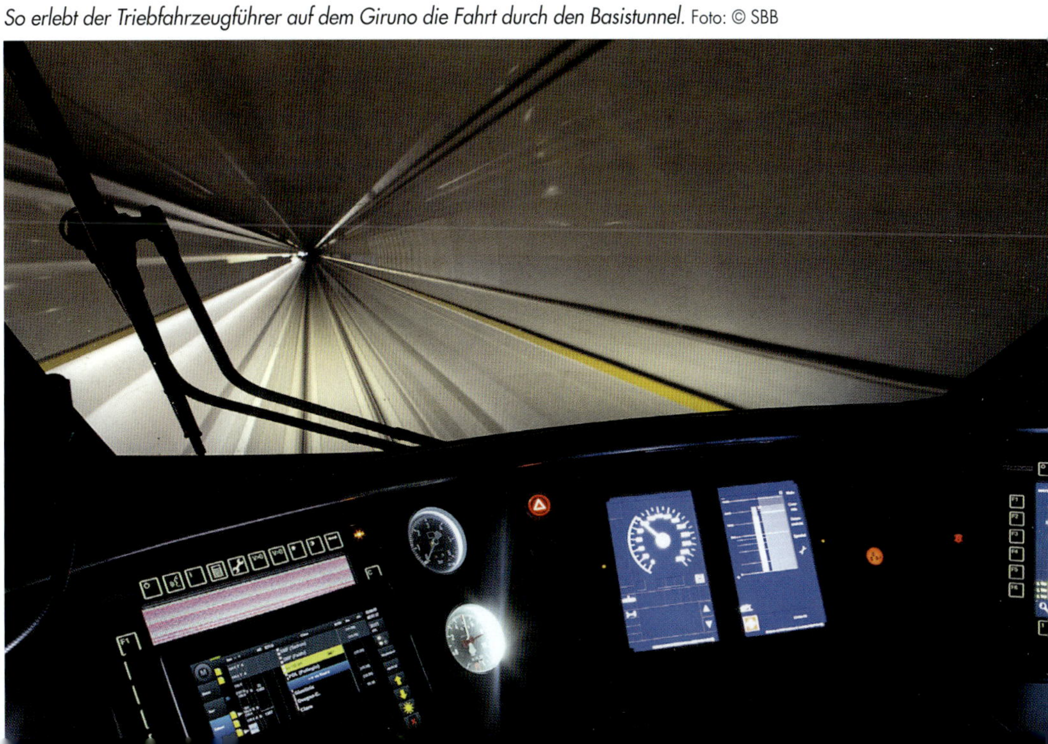

Foto: Klaus Eckert

Albula- und Berninabahn

Eine Traumreise über die beiden zum Welterbe zählenden Alpenbahnen

Bahnen + Berge 2/2020 erscheint im April 2020

Foto: Klaus Eckert

Arlbergbahn

Herrliche Motive der Gebirgsbahn von Tirol nach Vorarlberg

Bahnen + Berge 3/2020 erscheint im Herbst 2020

Eisenbahn JOURNAL

Gegründet von H. Merker
Erscheint in der Verlagsgruppe Bahn GmbH

Am Fohlenhof 9a, 82256 Fürstenfeldbruck
Tel. 0 81 41/5 34 81-0 • Fax 0 81 41/5 34 81-200
E-Mail: redaktion@eisenbahn-journal.de
Internet: www.eisenbahn-journal.de

Chefredakteur Gerhard Zimmermann

Redaktion Bernd Keidel, Dr. Christoph Kutter, Tobias Pütz, Andreas Ritz

Bahnen + Berge 1/2020:
Gotthardbahn

Autoren Ilona und Klaus Eckert

Redaktion Klaus Eckert

Lektorat Ilona Eckert

Gestaltung Klaus Eckert

Bildbearbeitung Klaus Eckert, Klaus Pircher

Verlagsgruppe Bahn GmbH

Am Fohlenhof 9a, 82256 Fürstenfeldbruck
Tel. 0 81 41/5 34 81-0 • Fax 0 81 41/5 34 81-100

Geschäftsführung Ernst Rebelein, Andreas Schoo, Horst Wehner

Verlagsleitung Thomas Hilge

Anzeigenleitung Bettina Wilgermein (-153)

Anzeigensatz Astrid Englbrecht (-152)

Anzeigenlayout Sabine Springer (-250)

Vertrieb und Auftragsannahme Angelika Höfer (-104), Petra Schwarzendorfer (-105), Stephanie Huber (-108), Martina Widmann (-107); E-Mail: bestellung@vgbahn.de

Sekretariat Tanja Baranowski (-202), Claudia Klausnitzer (-227)

Außendienst, Messen Christoph Kirchner (-103), Ulrich Paul

Werbung u. Marketing Thomas Schaller (-141)

Online-Marketing Karlheinz Werner (-142)

Vertrieb Pressegrosso und Bahnhofsbuchhandel MZV GmbH & Co. KG, Ohmstraße 1, 85716 Unterschleißheim, Postfach 1232, 85702 Unterschleißheim, Tel. 089/31906-0, Fax 089/31906-113

Abo-Service Funke direkt GmbH, Sternstaße 9-111, 40479 Düsseldorf, Tel. 0211/69078 9-985, Fax 0211/69078 9-70

Druck creo Druck & Medienservice GmbH Bamberg

Bahnen + Berge 1/2020
ISBN 978-3-89610-752-7